蔬之物語

杨恩庶 张德纯 主编

陆宏斌 绘

電子工業出版社
Publishing House of Electronics Industry
北京 • BEIJING

图书在版编目（CIP）数据

蔬之物语 / 杨恩庶，张德纯主编 . —北京：电子工业出版社，2015.5

ISBN 978-7-121-25959-3

Ⅰ . ①蔬…　Ⅱ . ①杨…　②张…　Ⅲ . ①蔬菜－基本知识　Ⅳ . ① S63

中国版本图书馆 CIP 数据核字（2015）第 087650 号

主　　编：杨恩庶　张德纯
副 主 编：齐艳花　张伟娟
编　　委：王　维　王　萌　王　松　刘　洋　陈　宇
插　　画：陆宏斌

策划编辑：王　婧
责任编辑：张　昭
印　　刷：北京顺诚彩色印刷有限公司
装　　订：北京顺诚彩色印刷有限公司
出版发行：电子工业出版社
　　　　　北京市海淀区万寿路 173 信箱　邮编 100036
开　　本：720×1000　1/16　印张：14.75　字数：150 千字
版　　次：2015 年 5 月第 1 版
印　　次：2015 年 5 月第 1 次印刷
定　　价：59.00 元

凡所购买电子工业出版社图书有缺损问题，请向购买书店调换。若书店售缺，请与本社发行部联系，联系及邮购电话：（010）88254888。

质量投诉请发邮件至zlts@phei.com.cn，盗版侵权举报请发邮件至dbqq@phei.com.cn。

服务热线：（010）88258888。

主编：

杨恩庶：北京市大兴区蔬菜技术推广站站长、农业技术推广研究员。从事作物栽培技术研究与推广工作，先后承担北京市蔬菜标准园创建、国家大宗蔬菜产业技术体系等科研推广项目 20 余项；获北京市优秀人才资助项目、北京市大兴区“新区优秀青年人才”、北京市科普惠农兴村计划科技服务专家；先后获得省部级、厅局级奖励 8 项，省部级、厅局级荣誉称号 3 项；主编及参与编辑书籍 6 部，发表专业科技论文 30 余篇。2011 年在北京市率先提出“社区蔬菜技术服务”的理念，首次将社区居民列为蔬菜技术服务对象。

张德纯：北京大学生物系毕业，曾任中国农业科学院蔬菜花卉研究所中心实验室主任、农业部蔬菜品质监督检验测试中心副主任，从事多年果蔬营养品质分析及特种蔬菜栽培研究。曾于 1997 年获农业部科技进步二等奖，2000 年获国家科技进步三等奖，并享受国家特殊津贴，现主要从事果蔬营养及食品安全研究工作。著有《芽苗菜营养》、《番茄主张》、《阳台种菜超简单》、《会呼吸的阳台花园》等著作。

副主编：

齐艳花：北京市大兴区蔬菜技术推广站副站长、高级农艺师。先后主持或参与市区科技项目20余项，获得农业技术专业奖项12项，其中省部级奖4项，并荣获各项市级荣誉或称号12项。编有《设施蔬菜高产状元种植技术集锦》等书籍7部，在《中国蔬菜》、《蔬菜》等杂志报刊发表科技文章近百篇。

张伟娟：北京派得伟业科技发展有限公司闲亭苑分公司总经理助理、技术部总经理。中国农业大学作物耕作与栽培专业硕士。曾先后参加国家级和省部级重点科研项目7项，在国内核心期刊发表论文7篇。获得国家专利2项，研发出具有自主知识产权和竞争优势的阳台农业产品1项。

丹青描绘蔬菜之百态千姿

插画　陆宏斌

序一
我的蔬菜梦

“背秋新理小园荒，过雨畦丁破块忙。菜子已抽蝴蝶翅，菊花犹著郁金裳。从教芦菔专车大，早觉蔓菁扑鼻香。宿酒未销羹糁熟，析酲不用柘为浆。”宋代诗人杨万里在他乡为官，也时常梦到家乡的菜园。

一草一木、一叶一花都具有生命，都富有意义。一盆生机盎然的蔬菜常能勾起对儿时的回忆。彼时、彼景，甘甜回味；那人、那事，感慨万千！

儿时家住农村，小院里的菜丰富、新鲜，能从春天吃到秋末，大白菜也是小院里产的，挖了窖储藏起来冬季吃。

不记得从何时起小院里的菜没了，再后来小院也没了，搬到了城里，住上了楼房，干净、整洁、方便，还暖暖的，住在楼房里，一直是多年来羡慕的生活。然而，住得久了，年龄大了，总是感觉缺点什么。村子的街道、儿时的玩伴、老房子……还有小院儿里的菜！儿时小院里的菜就像一个遥远的梦，然而这个梦却越来越清晰，亲情、乡情、农情集于梦中，美好又温馨。

多年后，我成为了一名蔬菜技术推广工作者，在服务农民的同时，一个想法逐渐形成，那就是让生活在楼房里的人们在家里种菜，让许许多多像我一样时常怀念童年美好农村田园生活的居民圆一个种菜梦！

蔬菜种植需要有专业的技术，要种好菜很难，要在楼房里种好菜更是难上加难。许多人都是满怀着热情买盆、挖土、买种子，播种后，带着全家人的期盼等待着那一粒粒的种子生根、发芽、开花、结果，然而现实是残酷的，长出来的菜不是瘦瘦弱弱的就是残缺不全，即便是健壮的不久也是虫蚜漫天了。

失败之后就是沉寂，然而内心里的种菜梦就像是一颗小小的种子，无时无刻都存在萌发的冲动，只要条件适宜，就会生根发芽；即便是一次又一次的挫折，也磨灭不了这个种菜梦！这是什么原因呢？我想，这就是我们传统农耕文化的种子，是深深扎根在我们内心的儿时农村生活的种子！这种牵绊，是勾陈，是欢乐，是承载了太多历史积淀的蔬菜文化！

花有花语。花语此时无声胜有声地表达了人们的感情与愿望，丰富的花语构成了花卉文化的核心。蔬菜也有蕴意，但是却还没有人去发掘、整理、归纳。2014 年春我与张德纯先生谈起了编写“农情菜语”的想法，一拍即合，历时一年，由张德纯先生执笔合作编写的《蔬之物语》得以面世。

感谢张德纯先生，把我的梦想变为现实！

感谢齐艳花女士、张伟娟女士两位合作者的大力支持！

杨恩庶

2015 年 4 月 14 日

序二
蔬菜与中国文化

人类已约有 300 余万年的悠久历史，在漫长的岁月里，人类主要靠采集野生植物的果实、根、茎、叶和渔猎为生。在中国的远古神话集《山海经》里就有“神农氏尝百草，一日遇七十毒”的描写。神农氏尝百草,实际上就是我们的“先民尝百草”,而百草,实际也即我们现在灶头所说的蔬菜。

“蔬”字在《说文》中被解释为:“草之可食者曰蔬”、“菜”字源于“采”字，“采”的上半部为爪，下半部为木，“采”即是用于摘取植物之意，加“艹”即为“菜”。

在人类文化发展的历史长河中，由于蔬菜与人类生活的密切关系，使其往往成为文学艺术创作的源泉和被吟咏的对象。在中

国这样一个有着几千年文明史的文化古国，诗歌似乎和蔬菜有着一种天然的联系。在中国最早的诗歌总集《诗经》里，就有37篇提及蔬菜。

中国历代的诗人雅士，从不同角度上，几乎把所有的蔬菜都吟咏过。“秋菰出水白於玉，寒荠绕墙甘若饴”（陆游《秋晚》）“黄芽白菜，胜于江南冬笋者，以其百吃不厌也”（《津门纪略》），“拨雪挑来塌地菘，味如蜜藕更肥浓”（范成大《四时田园杂兴》）等，不绝于耳。

在中国的古典名著与笔记中，也有大量描写蔬菜的章节段落。《红楼梦》里所提及的菜肴，细细研究起来，是可编成一册“红楼菜谱”。《随园食单》耗袁枚四十年美食之研究，涉及野菜时蔬的篇幅不乏其数。《儒林外史》极尽讽刺社会科举之能事，待对蔬果描述时，却又林林总总，不厌其烦，温文尔雅起来。几百年之后的今天，上述所提及的蔬菜，仍是我们灶头案边喜食的时蔬。

中国是一个有着悠久历史的农业国，蔬菜是古代农作物中重要的组成部分，历代文人墨客，不能不关注每日不可或缺的蔬菜，以致文学家们还写出了有关蔬菜生产的专著。《农桑经》就是明清文学巨匠《聊斋志异》的作者蒲松龄所著，虽出自文学巨匠之手，却是一本通俗读物，全书有49则记载了蔬菜的栽培方法，包括蔬菜共45种，并且在品种上增加了“苤蓝和生菜”，还有“灰藋菜和马齿苋”。

在中国画的表现题材上，蔬菜也是入得画的。尤其是近代画家齐白石大师笔下，更赋予蔬菜无限的美感和神奇的生命力。蔬菜不仅入诗入画，人们还在蔬菜上作画。如用冬瓜做的“冬瓜盅”，利用瓜皮、瓜肉颜色不同，平雕出精美的人物、山水和鸟兽，精美绝伦。随着饮食文化的发展，人们不仅在蔬菜上作画，还进一步用不同颜色的菜蔬，或切或片，或刻盘，完全依照唐代大诗人王维的《辋川图二十景》制成宴席，食用时每客一份，一份一景，若坐满二十人，便合成辋川全景图。

饮食文化本身也是美的创造过程，孙中山先生曾在《建国方略》一文中写道：“夫悦目之画，悦耳之音，皆为美术，而悦口之味，何独不然，亦美术之一道也。”蔬菜是人们灶头常备的吃食，是我们最喜食用的悦口之味，因而其可入画，其可作画，也是顺理成章、行之必然的了。

可以说，在中国文化发展过程中，蔬菜一直占有十分重要的地位，当人们研讨中国“饮食文化”时，对于蔬菜与中国文化的关系应给以关注，是十分必要的。作为一位蔬菜科研工作者，受杨恩庶先生之托将蔬菜的历史、文化、典故及食用趣事编辑成册，以飨读者。在此，感谢杨先生共同促成此事，鼓励、支持作者笔耕不辍，使之付梓。

张德纯

2015 年 4 月于农科院

目录

娓娓道来百菜时蔬的前世今生

茄与果

蔓之瓜

豆与荚

食野之苹

菜根谈

藜叶之羹

香草小话

薯芋杂谈

21

葱蒜之味

茄与果

菜语

勇敢、冒险

全世界至少流传着500个版本是谁做了第一个吃番茄的英雄。

西紅柿

和上帝一起来到中国的番茄

番茄为茄科西红柿属，是以成熟浆果为食用的蔬菜，原产南美洲西部沿岸的高地，包括今日的秘鲁、厄瓜多尔和玻利维亚等国。西班牙人赫南·科特斯于1532年征服墨西哥之后将其带回国。至1540年,西班牙人开始陆续种植番茄。1570年左右,番茄以“金苹果”之名传至北欧。英国人种植番茄始于1590年，在1811年出版的德文《植物学辞典》中，已有番茄可供食用的记载。沙皇时代的俄国很晚才开始种植番茄，直到1783年，在克里米亚地区的人们才最初认识番茄，之后番茄才从克里米亚地区传到乌克兰。

17世纪中叶，西方传教士把上帝带到了中国，同时也把番茄带入了中国。在1708年成书的《广群芳谱》最早记载了番茄。至清光绪年间，清农事试验场开始尝试种植番茄。我国著名园艺学家吴耕民先生自1921年从法国佛尔莫朗引进番茄种子，1922年开始种植，吴先生1936年所著的《蔬菜园艺学》中记载:“西红柿入我国也，当近在数十年内，至今尚未盛行栽培，仅大都会附近有之。”在北京南郊的西红门村，据村里老人讲：早年间村里从未种过西红柿，1950年村北头胡姓人家开始种植，但没人敢吃。

清农事试验场旧址(现为北京动物园)

直到 1955 年，村民孟繁章将种植的西红柿送到城里去卖，才开启北京郊区农户大面积种植西红柿的历史。今天算起来，也只有 60 年的时间。

“约翰逊的番茄”—— 一个美丽的传说

第一个敢于吃螃蟹的人被视为是最勇敢的人，敢于第一个吃番茄的人无疑也是英雄人物。是谁做了第一个吃番茄的英雄？

据不完全统计，全世界有关第一个吃番茄的人的故事至少有500个不同的版本，其中以美国人约瑟夫·奚克勒在1937年撰写的故事流传最为广泛。这个传奇故事被冠名为“约翰逊的番茄”。写的是美国新泽西州撒冷人罗伯特吉本·约翰逊1820年从南美洲引进番茄种子，把它种在自己家的花园里，到果实成熟时，他宣布在9月28日这一天在州政府门前台阶上以身试法，吃下一整个番茄。这条惊世骇俗的新闻不胫而走，一些人感到恐惧，而更多的人怀着期待和兴奋的心情。因为当时的人们认为约翰逊吃下番茄后会口吐白沫，全身痉挛，然后痛苦身亡。

到了约定的这一天，数千人挤到州政府门前，争相目睹约翰逊吃番茄的壮举。当人们看到约翰逊大口吃下了被认为只需一小口即能致人死亡的整个番茄后，当场竟有人昏厥过去，而更多的人则是目瞪口呆。当然，约翰逊最后不但活了下来，还开启了一个崭新的番茄工业。

毛泽东与斯诺谈番茄

1936年下半年的一天，毛泽东在保安（延安市西北部志丹县）窑洞里请美国记者斯诺吃饭。斯诺注意到餐桌上有一碟番茄炒辣椒，主席便以此为话题，饶有兴趣地问斯诺：『听说番茄在你们那里原来有个很可怕的名字，叫「狼桃」，是吗？』斯诺回答说：『番茄在未被发现食用价值前就是叫狼桃，当时人们认为吃了番茄会长出狼一样的头。』斯诺肯定地回答更加引起了毛泽东的兴致，主席点燃了一支烟，风趣地说：『蒋介石老兄把我们说得比「狼桃」还可怕呀！』斯诺听了，对毛泽东丰富的知识和巧用寓意的风趣十分敬佩，他也就略开玩笑地对毛泽东说：『我准备到红区来的时候，也是下了长出狼头的决心啊！』

如此可看出，由于番茄的历史和骇人的传闻，使其具有了勇敢和冒险的寓意。

引起世人关注的番茄红素

人体自身不能合成番茄红素，必须从食物中摄取。番茄红素在自然界中分布很窄，主要存在于番茄、西瓜、葡萄柚、木瓜等食物中。其中番茄含量最高，约为14毫克/100克。番茄红素是一种抗氧化剂，可以清除人体内的自由基，降低有害的胆固醇，保护血管和心脏并延缓衰老。

另外，与生食番茄相比，人们食用加工后的番茄，更能提高血中番茄红素等抗氧化剂的浓度。

辣椒

菜语

激情、革命

毛主席曾说：『不吃辣椒不革命』，以他政治家的雄韬伟略与诗人的浪漫情怀提高了辣椒的意蕴与境界。

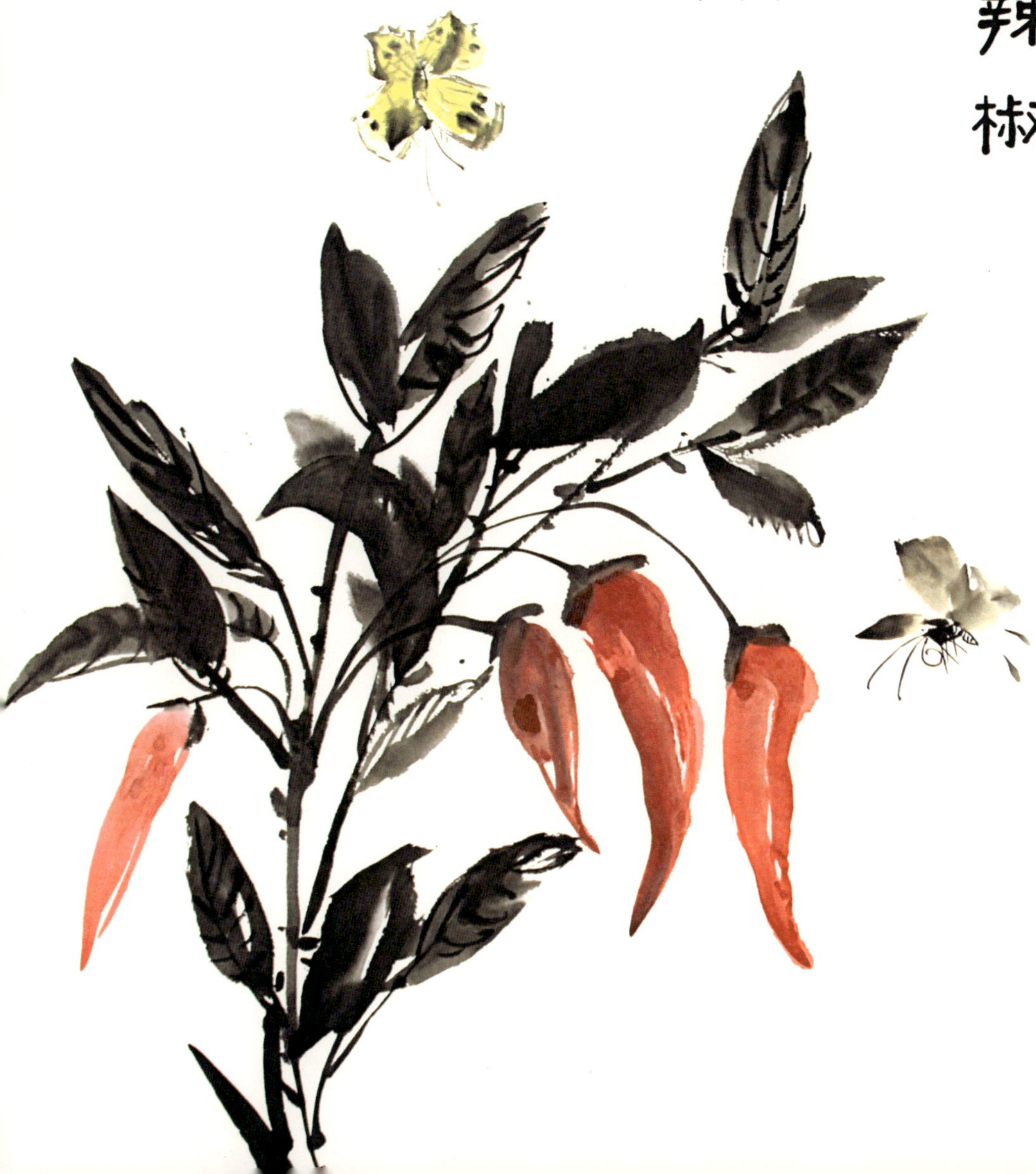

7000 年前，美洲人已开始种辣椒

辣椒为茄科辣椒属，是以辣味浆果为食用的蔬菜，原产于中南美洲热带地区，我们现在普遍栽培的辣椒和甜椒的祖先是产在中南美洲的一种“野生辣椒”。

考古学家在墨西哥的特瓦茨发现了公元前 5000 年时的辣椒种子化石，并证实早在 7000 年前，美洲的阿兹特克人已开始栽培辣椒。1493 年，随着哥伦布的探险归来，辣椒被引入欧洲，作为当时从亚洲进口的昂贵的黑胡椒的代用品。辣椒在世界被广泛传播，西班牙和葡萄牙的船队发挥了巨大作用。16 世纪初，辣椒传入印度和东南亚，1583 年，辣椒传入了日本。

辣椒传入中国，一般来说，途径有两条：一经陆上丝绸之路，在甘肃、陕西等地栽培；一经海路，在广东、广西、云南等地栽培，其时间都不会早于 1578 年，因成书于 1578 年的《本草纲目》中未见有辣椒的记载，但其时间也不会晚于 1590 年，因明代高濂 1591 年撰写的《遵生八笺》一书中已有关于辣椒的记述。

鸟类吃辣椒如同在嚼口香糖

除了人类，大概没有哪一种哺乳动物是喜欢吃辣椒的。科学家对生长在美国亚利桑那州南部沙漠地带的一种野生辣椒进行研究，观察有哪些动物以辣椒为食。结果发现，生活在附近的沙漠鼠类等小型哺乳动物根本不碰这种辛辣食物，但生活在那里的鸟类似乎格外喜爱辣椒。

经多次实验表明，若辣椒果实被小型哺乳动物吃掉，种子经消化排出，几乎不能再发芽。而鸟类的消化系统基本不会对辣椒种子造成伤害。所以科学家认为，辣椒之所以辣，是出自保护自己的需要。辣椒不想让哺乳动物把它们的果实吃掉，所以才在果实里产生了辣椒素，这样，吃不了辣的哺乳动物就会放弃，而鸟类却丝毫吃不出半点辣味，它们的痛觉感受系统和哺乳动物不一样，体内的辣椒素受体会发生变化，且辣椒素能给它们清爽的感觉，还有止痛的功效。所以鸟类吃辣椒如同在嚼口香糖，而果实中的辣椒籽则会经过鸟类的肠道完整地排泄出来，完成一次又一次播种。

但对于此说法，美国生物学家约书亚·图克斯伯里存有异议，他认为辣椒素的本意是抗真菌，而并非是出于保护自我的需要。

『不吃辣椒不革命』

在中国，辣椒在许多地区都是非常重要的调味品，甚至没有它人们就无法下饭，四川、江西和湖南人都喜食辣椒，作为湖南人的毛泽东一生更是嗜食辣椒，曾有『不吃辣椒不革命』的激情壮语，以他政治家的雄韬伟略与诗人的浪漫情怀，把辣椒的价值和意蕴提高到了前所未有的地位和境界：『不辣不革命，无湘不成军』，『辣椒烈性一相逢，便胜却人间无数』。至20世纪60年代，秘鲁哲学家门德斯来华访问，不能吃辣的门德斯对毛泽东十分钦佩，毛泽东笑着回应：『在我们中国，四川人吃辣椒，不怕辣；江西人吃辣椒，辣不怕；我们湖南人吃辣椒，怕不辣！』辣椒以他火红的颜色、辛辣的气味和食后的刺激感，给人以热烈的火焰印象和革命的激情。

辣椒素的作用

辣椒的辣味主要来源于辣椒素，辣椒素有抗氧化作用，可以有效延缓动脉粥样硬化的发展及血液中脂蛋白的氧化。辣椒素还能刺激心脏加快跳动，使血液循环加速，有活血的功效并有助于降低心脏病的发生。另外，其还可促进肾上腺分泌儿茶酚胺，儿茶酚胺具有抗菌作用，对风湿性关节炎、骨关节炎和慢性鼻炎等都具有良好的治疗效果。

在最新的研究中，科学家发现辣椒素能够开启痛觉神经上的 TRPV-1 通道，而且这个通道非常宽大，可以让麻醉剂从中通过。

在对小白鼠进行的实验中，科学家首先向小白鼠的坐骨神经肌肉单独注射了传统局部麻醉剂，小鼠一如既往地表现出正常的疼痛反应；接下来他们在注射麻醉剂之后又注射了辣椒素，这样，白鼠的 TRPV-1 通道便被打开，疼痛感马上消失，这种止痛效应可持续达 90 分钟之久。而且，注射辣椒素后不会像注射传统麻醉剂那样损害小鼠后肢的活动能力。

科学家认为，这种方法将来会有助于医生减少选择性的疼痛，且不会导致麻痹或妨碍运动，也许最实用的例子就是在分娩中应用，使即将分娩的产妇减少痛苦。

茄子

菜语

随和、包容

茄子有无与伦比的随和与空泛气质，可以和任意荤素杂食搭配。

中国是茄子第二起源地

茄子为茄科茄属，是以浆果为食用的蔬菜，起源于亚洲东南热带地区，茄子的野生种果实小且味苦，经人类长期栽培驯化，风味得到了很大改善，果实也随之变大。现代的茄子大多是原产于印度的一种或几种亲缘关系密切的野生种茄子的改良变种。

中国栽培茄子历史悠久，类型品种繁多，一般认为中国是茄子第二起源地。西晋嵇含撰写的植物学著作《南方草木状》中说，华南一带有茄树，这是中国有关茄子的最早记载。至宋代苏颂撰写的《图经本草》记述当时南北除有紫茄、白茄、水茄外，江南一带还种有藤茄。茄子在全世界都有分布，以亚洲栽培最多，占世界总产量的 74% 左右；欧洲次之，占 14% 左右。各类茄子中国各地均有栽培，为夏季主要蔬菜之一。

西汉语言学家扬雄认为，茄子的“茄”乃梵文的译音字，是取茄子从印度传来之意。茄子还有一个好听的别名叫“落苏”，而落苏之名的由来，则与春秋吴王阖闾的儿子有关，并一直沿用至唐代。宋代陶谷著《清异录》记载：“落苏本名茄子，隋炀帝缘饰为昆仑紫瓜。人间但名‘昆味’而已。”可见，在隋唐之前，茄子已经有落苏之名了。或许是应了这流传，茄子在江浙沪地区确实多被称为落苏。如今，江浙人称茄子为六蔬，也是落苏的谐音。

刘姥姥吃茄子——不知其味

茄子有无与伦比的随和及空泛的气质，与什么菜什么佐料在一起就是什么味道：若与肉同烧就是肉味，与豆瓣烧在一起就是鱼香茄子，而《红楼梦》里的茄鲞，刘姥姥吃过之后说：『别哄我了，茄子跑出这个味儿来了，我们也不用种粮食，只种茄子了』。

当确定确实是茄子后，刘姥姥提出了自己的想法，『告诉我是个什么法子弄的，我也弄着吃去。』凤姐笑道：『这也不难，你把才下来的茄子把皮签了，只要净肉，切成碎丁子，用鸡油炸了，再用鸡脯子肉并香菌、新笋、蘑菇、五香腐干、各色干果子，俱切成丁子，用鸡汤煨干，将香油一收，外加糟油一拌，盛在瓷罐子里封严。』如是，若放在今天的饭店，这定是一道招牌菜。

照相喊茄子的来历

英语国家的人在照相的时候喜欢喊cheers，即举酒干杯之意。因说的时候心情愉悦，嘴角会稍微翘起，像是在微笑，相片的效果就比较好。而在中国，最早在照相的时候喊『茄子』，是电影表演艺术家孙道临先生首创，有杂志报道后就传开了。经过人们长期实践的结果表明，照相喊茄子会留下永久开心的笑容，也能充分活跃现场的气氛。

维生素 E 之王

每 100 克茄子中含维生素 E 150 毫克，是维生素 E 含量丰富的香蕉的 7 倍。维生素 E 能加强细胞膜的抗氧化作用，抗拒有害自由基对细胞的破坏，防治动脉硬化和高血压病，促进性腺和胃液分泌，调节中枢神经，预防白内障。

在茄子的所有吃法中，拌茄泥是最健康的。首先，拌茄泥加热时间最短，只需大火蒸熟即可，因此营养损失较少。其次，茄泥用油最少，将蒸好茄子捣成泥后，只需稍微淋一些调味汁即可。而且茄泥的吃法营养吸收最完全，因为它不用削去茄子皮，而茄子皮中含有大量的生物活性物质。

传统中医认为，茄子属于寒凉性食物，夏天食用有助于清热解暑，对易长痱子、生疮疖的人尤为适宜。消化不良，易腹泻的人则不宜多食，如李时珍在《本草纲目》中说："茄性寒利，多食必腹痛下利。"

据明代云南人兰茂著《滇南本草》记载，茄子能散血、消肿、宽肠，故大便干结、痔疮出血及患湿热黄疸的人应多吃茄子。《本草纲目》中也曾介绍，将带蒂的茄子焙干，研成细末，用酒调服可治疗肠风下血，即我们日常所说的"顽疾"痔疮。

香瓜茄

香瓜茄最初在中国上市是20世纪80年代，取名『人参果』，因正值《西游记》的热播，商家抓住了商机，便启用了这个吉祥的名字。

菜语

健康、长寿

入籍较晚的蔬菜

香瓜茄又被人们称为“人参果”，是一种茄科多年生蔬菜、水果兼观赏型草本植物。现流传较广的说法是其原产于哥伦比亚、智利、秘鲁及厄瓜多尔等南美洲国家。1785 年传入英国，1882 年引种到美国。

1975 年，中国台湾地区镇西堡部落牧师阿栋到加拿大参加世界原住民会议时，为改善当地人生活，特地将茄种带回部落试种，自此台湾地区始有香瓜茄生产。至 20 世纪 80 年代，北京市蔬菜研究中心从新西兰引进香瓜茄后，经试种研究，先后在各地示范推广，现全国各地均有栽培。

另有一种说法是，据《大唐西域记》等史料记载，明确说明早在唐代以前，天梯山就有香瓜茄。它是武威（甘肃省下辖市）的原生特产，只是由于地处偏远，长久以来受自然、交通等条件限制，香瓜茄只是作为自家食用之物，并未广泛对外宣传推广，所以天梯山香瓜茄在很长时期内不为人所熟知，后通过史料证明，香瓜茄完全是武威的原生特产，而并非引进品种。

人参果与香瓜茄

香瓜茄最初在中国上市是 20 世纪 80 年代，当时正值电视剧《西游记》热播，其中“猪八戒偷吃人参果”一集，引起观众的广泛兴趣。为便于商业运作，经营者抓住这一商机，将大家过去少见的香瓜茄定名为“人参果”。自从启用“人参果”这个吉祥的名字后，香瓜茄便非常热销，且价格不菲。市场的导向、利益的驱使，使得香瓜茄种植面积骤增。但物以稀为贵，产量多了价格自然落了下来。

香瓜茄富含蛋白质、多种维生素、氨基酸及微量元素，尤其是富含硒，对儿童的成长和老年人的抗衰老均有较好的保健作用。香瓜茄含糖量很低，非常适合糖尿病患者食用，是一种既可当做蔬菜，又可作为水果食用的理想食物。

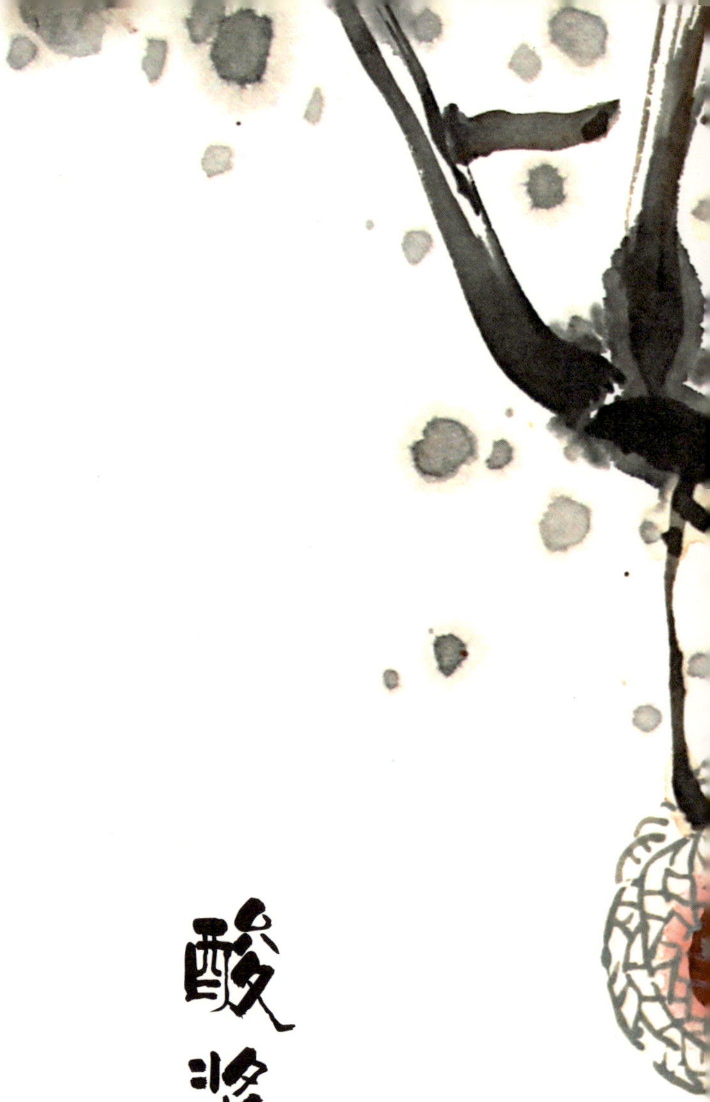

酸浆

在《红楼梦》中，曹公将绛珠仙子为报甘露之思写得淋漓尽致，酸浆植株有妖羞缠绵之姿，将其比喻为绛珠原型名副其实。

菜语

相思、爱情

“洛神珠”酸浆

酸浆为茄果类蔬菜，别名姑娘、灯笼草、洛神珠等。原产中国，朝鲜也有分布。酸浆植株常生长在村旁、路边及山坡荒地，在中国南北方均有野生种。《本草纲目》草部第十六卷，草之五中明确记载有：“燕京野果名红姑娘，外垂降囊，中含赤子如珠，酸甘可食。”

中国的酸浆栽培以东北地区较广，类型多种多样，其栽培历史也十分悠久，公元前 300 年成书的《尔雅》中即有对酸浆的记载。如今食用酸浆的主要品种有引自法国的黄果酸浆，俗称“洋姑娘”。黄果酸浆果型较大，食用价值较高，风味酸甜；另一种是引自日本的红果酸浆，别称红姑娘、挂金灯，原产亚洲。日本红姑娘果形较小，口感风味均逊色于法国黄果酸浆。

绛珠草是酸浆吗？

在《红楼梦》中，曹公将绛珠仙子为报甘露之惠，愿将一生所有的眼泪还给神瑛侍者的演绎描写得淋漓尽致，使宝玉与黛玉的凄美爱情成为千古绝唱。酸浆植株娇羞缠绵而有卓尔不

群之姿，其果实圆润饱满、果色绛红鲜艳，得名人见人爱的“姑娘”实乃名实相符。

在《红楼梦》第一回中，甄士隐梦幻识通灵：“只因西方灵河岸边。三生石畔，有绛珠草一株，时有赤霞宫神瑛侍者日以甘露灌溉。”著名红学家周汝昌先生在其随笔集《绛珠草·文化教养》一文便提及此段文字，认为曹雪芹笔下的“绛珠草”，实际上指的是“苦蔵草”，即《尔雅》中所说的“寒浆草”——酸浆。

《红楼梦》整部书都充斥着红色，绛珠也即红色的珠子，暗示“泪与血”，也暗含着林黛玉爱哭的性情和悲惨的结局。酸浆草植株柔弱，姿态娇艳，卓于草莽，生命短暂，于深秋最红艳时遭寒霜遂戛然而止，与黛玉“闲静时如姣花照水，行动处似弱柳扶风”的气质与“自古红颜多薄命，莫怨春风当自嗟”的命运不谋而合。

可与樱桃番茄媲美

酸浆果富含蛋白质、脂肪、糖类、维生素、矿物质、酸浆果红素等物质。具有清热解毒、利尿等作用，民间很早就流传有用酸浆果治疗前列腺炎的验方。酸浆果味酸甜，以生食味道最佳。秋霜过后，采而串之挂于房前檐下，至冬季食用，经过三四个月，外皮虽干，而果实仍汁盈味美，实在是一种讨人喜欢的果蔬。

蔓之瓜

菜语

富贵、幸福

冬瓜形态白胖，常意为富态、富贵，又引申为幸福、丰盛、富贵满堂。

冬瓜有清热作用
自古就有以冬瓜
汤治疗和
预防的习惯
甲午冬仲宸识

日本人的“唐冬瓜”

冬瓜起源于中国和东印度，广泛分布于亚洲的热带、亚热带及温带地区，中国很早便开始栽培。“冬瓜”的称谓始见于公元3世纪初的三国时期，当时它已出现在魏国人张揖所著的《广雅》一书中 。

公元9世纪的唐代后朝，相当于日本的奈良时代，冬瓜从中国传入日本。日本冠以引入地域的标志“唐”来命名，将“冬瓜”称之为“唐冬瓜”。16世纪始，冬瓜从印度传入欧洲，19世纪又由法国传入美国。20世纪70年代以后,冬瓜才被传入非洲,至今,冬瓜的栽培仍以其发源地中国、东南亚和印度等地为主。

现如今，日本小冬瓜声名海外，在西方被专门称为“Japanese Winter Melon”。日本冬瓜的果实为瓠果形，外观可爱，表皮呈现出很青翠的绿色，瓜肉较一般冬瓜要厚，颜色也极其洁白，且疏松多汁、入口即化，维生素C含量丰富，有利尿止渴的明显功能，是日本料理汤食中的常见蔬菜，近年来也多被出口世界各地。

『四方之瓜』的传说

冬瓜生产于夏季，那为什么夏季所产的瓜，却取名为冬瓜呢？这是因为冬瓜成熟之际，表面上有一层白粉状的东西，就好像是冬天所结的白霜，也是这个原因，冬瓜又称白瓜。

民间传说神农氏爱民如子，培育了『四方瓜』，即东瓜、南瓜、西瓜和北瓜。并命令它们各奔赴所封之地安心落户，造福于民，结果南、西、北瓜各自都到受封的地方去了。唯有东瓜愿以四海为家，自取名为『冬瓜』。神农氏便说：『冬天无瓜，你喜欢叫冬瓜，便封你夏长白霜，四海为家』。

胖冬瓜

冬瓜形状多为长筒形，很像中国老式枕头。老北京有个传统冬瓜品种，名叫『火车头』。听其名就可以想象到此品种的形状，既粗、又硕大。人们认为冬瓜有肥胖的寓意，说一个人长得胖便戏谑地说：『长得像胖冬瓜』。但胖使人显得富态，进而引申为富贵，因此冬瓜便拥有了幸福圆满、富贵满堂之含意。

黄瓜

菜语

温润、冰清玉洁

黄瓜三分温润、七分冰冷，如冰似水、清爽舒畅，透着朦胧的含蓄之美。

沿丝绸之路引入的黄瓜

黄瓜起源于东南亚，西汉以后分别从北、南两路传入中国。据明代李时珍考证，北路黄瓜是由西汉时的张骞经由中亚地区沿着丝绸之路引入的；南路黄瓜则从南亚经由我国西南地区引入。

由西域引入北方的黄瓜，逐渐演变成华北地区的栽培型黄瓜。其特点是果型细长、皮薄色绿、瘤密多刺。而由南亚引入南方的黄瓜，逐渐演变成华南栽培型黄瓜。其特点是果实呈圆筒形、皮厚色浅、味淡。

早在唐代，唐诗中就出现：“酒幔高楼一百家，宫前杨柳寺前花。内园分得温汤水，二月中间已进瓜。”其中的“瓜”即指黄瓜。元、明之后，《学圃余蔬》中载有：“王瓜，出燕京者最佳。”并且“种之火室中”，说明当时北京人已有用温室栽培黄瓜的技术，而有关黄瓜品种，在明代以前的典籍中未见涉及。明代的文献中仅笼统说有长数寸者，有长尺者。至清代，品种见多。清后期的典籍中明确指出，黄瓜有早、中、晚熟的品种。

黄瓜&胡瓜

黄瓜是由西汉时期张骞出使西域时带回中原的，始称胡瓜。五胡十六国时，后赵皇帝石勒忌讳『胡』字，汉臣襄国郡守樊坦将其改为『黄瓜』（一说隋炀帝所改）。但到唐代，古籍中又多将黄瓜称回为胡瓜。千百年来，黄瓜、胡瓜的称谓在中国交替变换，体现了一代历史的演变：即凡汉族居统治地位的时期，多以古称『胡瓜』为正名。凡少数民族居统治地位的时期，其官方均以讳称『黄瓜』为正名。今天我们以黄瓜为正式名称，则体现了中华民族的大团结。

如翡似翠嫩黄瓜

黄瓜果皮色泽翠绿、果肉洁白，白绿相衬，赏心悦目。看到水灵灵、脆生生的嫩黄瓜，不禁使人想到冰种翡翠。冰种翡翠的肉质在半透明中带有一种冰质感，给人以冰清玉洁的感觉，三分温润，七分冰冷，外观如冰似水，清爽舒畅，还透着一丝丝朦胧的含蓄之美。使黄瓜具有了温润如玉、冰清玉洁的寓意。

葫芦

菜语

福禄、财运

葫芦口小肚大，象征纳财致富，即广纳四方之财、广结人缘之意。

瓠瓜俗称是葫芦

瓠瓜，别名瓠子、葫芦。葫芦科葫芦属中的栽培品种，主要分布在南亚与东南亚一带。另如非洲的赤道地区，南美洲的哥伦比亚和巴西等国。曾经学术界有人认为葫芦是由丝绸之路传入中国，但经上一个世纪的考古挖掘发现，新石器时代的浙江河姆渡遗址中有葫芦种子，距今已有 7000 余年历史。在湖北江陵、广西贵县罗伯湾、江苏连云港等地，均发现了西汉时的葫芦种子。由此可以说明，葫芦应是中国固有的蔬菜种类。

一个葫芦两个瓢

中国关于葫芦的最早记录，见于新石器时代的陶壶及甲骨文中的象形文字。《诗经》中也有葫芦的记载。《豳风·七月》篇有『七月食瓜，八月断壶』之句。壶、瓠、匏均是葫芦的古称，《本草纲目》中说：『壶，酒器也，芦，饮器也。此物象其形，又可为酒饮之器，因以名之』。文献解释瓠与匏的区别为：嫩瓜为瓠，老瓜坚硬者为匏。现代人称的瓢是匏的别称，瓢即为葫芦老熟后剖开后的器物，故有『一个葫芦两个瓢』的俗语。

葫芦谐音是福禄

葫芦口小肚大，象征纳财致福，可广纳四方财；葫芦圆弧的造型，除了用来装酒外，还可以促进人际关系圆融、广结人缘。葫芦具有福禄的谐音象征，自古以来就被当做招财纳福的吉祥物；据说在家中悬挂葫芦，能够带来好财运、可使居家安康。民间有『厝内一粒瓠，家内才会富』的说法，意思就是葫芦为居家必备的开运吉祥物。唐代卜应天所著堪舆学名篇《雪心赋》，其中有名句『葫芦出现，术数医流』，意指见到山形如葫芦的地方，主出术数或医术高明之人，故自古以来，从事中医、占卜行业的人都喜在家中摆放葫芦，来催旺自己的事业。

《红楼梦》中的葫芦条

《红楼梦》第四十二回写道：平儿对刘姥姥说："休说外话，咱们都是自己，我才这样。你放心收了罢，我还和你要东西呢。到年下，你只把你们晒的那个灰条菜乾子和豇豆、扁豆、茄子干、葫芦条儿各样干菜带些来，我们这里上上下下都爱吃这个。别的一概不要，别罔费了心"。其中提到的"葫芦条儿"，即是将葫芦用刀旋成条状后晒制成的干菜，用葫芦条烧制的菜肴味道十分鲜美。

葫芦的保健功能也很多，它能调节心脑血管、健身养颜、抗衰老与保健肝脏等，还有降血压的功效。另外，葫芦性平、味甘，利水消肿，主治水肿腹胀。经药理研究证实，葫芦的苦味质，即"葫芦素"还有较强的抗癌作用。

甜瓜

菜语

甜蜜、纯洁

甜瓜因其味甜如蜜而得名，由于气味清香袭人又得名香瓜。

多起源中心的甜瓜

因甜瓜多重的形态和细微的品种差别，一些专家认为甜瓜拥有多起源中心，如西亚（包括土库曼斯坦和外高加索，伊朗、小亚细亚及阿拉伯半岛）是厚皮甜瓜的初级起源中心；中亚（包括阿富汗，塔吉克斯坦，乌孜别克斯坦、土库曼斯坦及中国新疆地区）是厚皮甜瓜的次级起源中心。厚皮甜瓜主要包括网纹甜瓜、冬甜瓜和硬皮甜瓜。而薄皮甜瓜又称普通甜瓜、东方甜瓜、中国甜瓜和香瓜。

1500 年前的甜瓜

中国栽培甜瓜的历史悠久，《诗经》、《尔雅》《周礼》、《史记》等古代文献中均有对甜瓜的记载。据载，在新疆吐鲁番地区高昌古城附近的阿斯塔那古墓群中挖出的一个晋墓（公元 262 ~ 420 年）中，有半个干缩的甜瓜，其种子与现在的栽培种相同；又据 1972 年湖南长沙马王堆发掘的一号汉墓女尸中，发现她的消化器官内有 138 粒甜瓜种子。由此可见，我国栽培甜瓜至少已有 1500 年以上的历史。

华莱士与白兰瓜

1943 年，时任甘肃省建设厅厅长的张心一博士，邀请美国著名的生态学家罗德明博士来兰州帮助研究解决干旱问题。罗德明认为兰州很适宜种植甜瓜，并答应回国后捎一些“蜜露”瓜种，在兰州试种。

次年元月，美国副总统华莱士在访华途经兰州时，亲自将罗德明捎来的“蜜露”瓜种子交给张心一。1954 年，经张心一组织，“蜜露”瓜在兰州地区的砂田里试种成功，因种子系华莱士携来兰州，故将此瓜起名“华莱士瓜”，以示纪念。建国后，华莱士瓜一度被改名为“兰州瓜”，到 1956 年，时任甘肃省省长的邓宝珊先生，取此瓜皮纯白而获源于兰州之意，提意更名为“白兰瓜”，遂沿用至今。

河西走廊的独特气候，如强烈的阳光辐射，巨大的昼夜温差，极其适合白兰瓜的生长，故白兰瓜也曾被称为“雄河西”。此地区生产的白兰瓜富含糖分、品质优秀，瓜肉淡绿且呈半透明状，宛如翡翠一般。瓜味甘甜、液汁丰富、香气浓郁、芳香爽口，真是“色如玉、味如蜜”，不愧为瓜中一绝。

甜瓜消暑热、解烦渴

甜瓜因味甜而得名，由于清香袭人故又名香瓜。甜瓜是夏令消暑瓜果，其营养价值与普及度可与西瓜媲美。据测定，甜瓜除了水分和蛋白质的含量低于西瓜外，其他营养成分均不少于西瓜，而芳香物质、矿物质、糖分和维生素 C 的含量则明显高于西瓜。

多食甜瓜，有利于人体肝脏及肠道系统的活动，促进内分泌和造血机能。中国传统中医确认甜瓜具有“消暑热、解烦渴”的显著功效，据唐孟诜《食疗本草》中载有：“（甜瓜）上渴，益气，除烦热，利小便，通三焦壅塞气。”北宋寇宗奭《本草衍义》中也记载：“甜瓜，多食未有不下痢者，为其消损阳气故也。”

菜语

清苦、去火

毛泽东曾说：『苦瓜对人体最大的好处就是去火』。说及『去火』，毛泽东又说：『人吃五谷，难免不上火，吃点苦瓜，很有必要』。

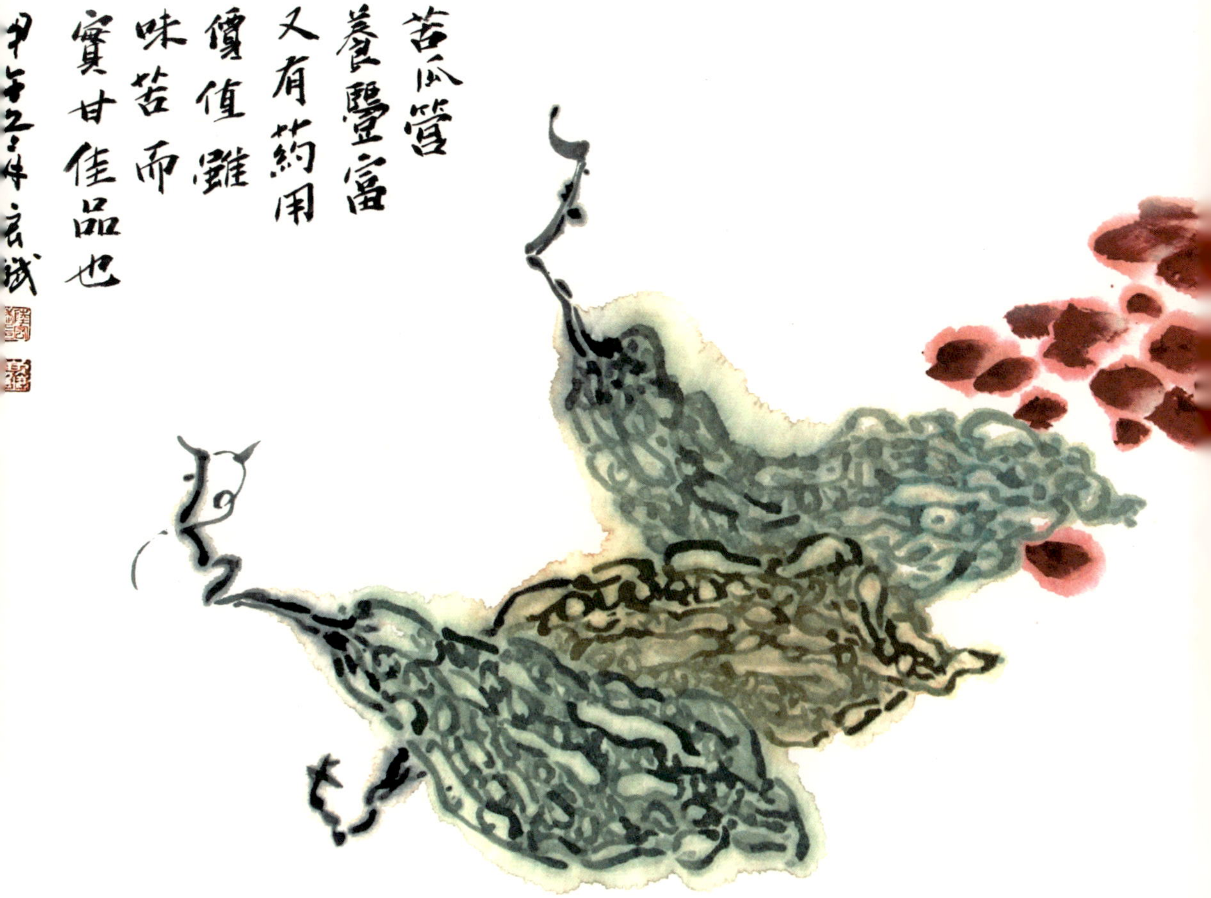

苦瓜又名锦荔枝

苦瓜别名凉瓜，古名锦荔枝、癞葡萄，为葫芦科苦瓜属中的栽培种，一年生攀援性草本植物。苦瓜原产于亚洲热带地区，广泛分布在热带、亚热带和温带地区。印度与东南亚的栽培历史很久，明代李时珍《本草纲目》中载：“苦瓜原出南番”。

苦瓜传入中国的时间约在北宋时期（公元 960 ~ 1127 年），当时被称为“锦荔枝”，到南宋才有苦瓜这一称谓。至元代，苦瓜已有较多栽培，并由南方传入北方。日本的苦瓜由中国传入，逐渐被人们认为是最使人长寿的食物，日本人喜欢将苦瓜做成苦瓜茶或汁来长期食用。苦瓜传入欧洲约在 17 世纪，但欧洲人因其味苦而多作观赏用。

明朱橚撰《救荒本草》中已有对苦瓜的记载：“内有红瓤，味甘，采黄熟者吃瓤”。20 世纪 50 年代，北京人吃的一种苦瓜叫“癞瓜”。癞瓜果型两头尖，中间粗，呈锥形，表面长满瘤状物，外壳坚硬，有亮泽。瓜熟后，瓜皮由绿变黄，熟透时瓜皮裂开，露出红红的果瓤。果瓤包着种子，吃起来很甜，但在儿时记忆中瓜肉是不吃的。

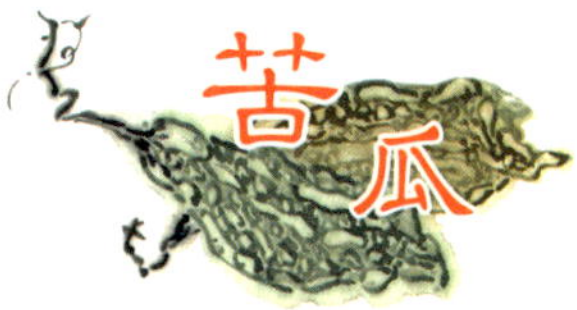

毛泽东谈苦瓜

有一次，毛泽东同身边的工作人员一起用餐，餐桌上有一道他很喜欢吃的菜——苦瓜炒鸭子。他同桌人员说：『苦瓜对人体最大的好处，就是去火』。说及『去火』，毛泽东又说：『人吃五谷杂粮，难免不上火。有时气也上火，这叫虚火。这种人吃点苦瓜很有必要。我这个人也爱上火，不如主动去吃，免得火气太大。火气大，不是伤人，就是伤己喽！』

植物胰岛素——苦瓜甙

苦瓜甙，由含有17种氨基酸的碱性多肽——苦瓜素组成。大量药理和临床实验证明：苦瓜甙具有较强的降低血糖和调节血脂作用，因而被国内外医学专家誉为『植物胰岛素』。

苦瓜甙主要的生理作用是通过激活病态的胰腺功能，使作用在胰岛细胞上的靶细胞促进胰岛素的分泌，以达到降低血糖的作用。另苦瓜中的苦味素能刺激唾液腺，增加唾液的分泌，较好地缓解糖尿病患者的口干和口渴症状。同时，苦瓜甙还具有调节三高，保护心脑血管及调节免疫力、促进新陈代谢的功效。

絲瓜

黄花褪束绿身长，百结丝包困晓霜。
虚瘦得来成一捻，刚偎人面染脂香。

菜语

温柔、贤淑

由印度引进的丝瓜

著名蔬菜园艺专家吴耕民先生在其著作《蔬菜园艺学》中认为丝瓜原产印度，且在约 2000 年前印度已有栽培。

据云南植物所考察报告，在中国云南西双版纳地区发现有野生丝瓜资源。明李时珍在其《本草纲目》中对丝瓜种植有详尽的描述:“丝瓜，二月下种，生苗引蔓……”，说明丝瓜在明代已成为常见蔬菜。丝瓜在古代还被称为“蛮瓜”。“蛮”在我国古代通指南方偏远之地，蛮瓜一称表明丝瓜传入中国的途径是由南向北传播的。

丝瓜虽经印度传入中国南方，但具体年代却不易寻考。明代汪颖《食物本草》中载:“丝瓜，本草诸书无考”，李时珍也在《本草纲目》中说:“丝瓜，唐宋以前无闻;今南北皆有之，以为常蔬。”

其实，宋代文人对丝瓜已有不少记录。陆游在《老学庵笔记》中甚至提到:“丝瓜涤砚磨洗，余渍皆尽而不损砚。”陆游用丝瓜瓤“涤砚磨洗”并且优点颇多,不仅“余渍皆尽”而且“不损砚”。可见，丝瓜在宋代已是日常时蔬，并且其瓤、皮等部位已被人们熟练地用做他用了。

宋人咏丝瓜

咏丝瓜 宋朝·杜北山

寂寥篱户入泉声，不见山容亦自清。
数日雨晴秋草长，丝瓜沿上瓦墙生。

咏丝瓜 宋代·赵梅隐

黄花褪束绿身长，百结丝包困晓霜。
虚瘦得来成一捻，刚偎人面染脂香。

春日田园杂兴 宋·君端

白粉墙头红杏花，竹墙篱下种丝瓜。
厨烟乍熟抽心菜，篝火新乾卷叶茶。
草地雨长应易垦，秧田水足不须车。
白头翁妪闲无事，对坐花阴到自斜。

漫 兴 宋·张镃

茆舍丝瓜弱蔓堆，漫陂鹎鸭去仍回。
开帘正恨诗情少，风卷野香迎面来。

白石老人与丝瓜

齐白石最爱丝瓜。他爱种丝瓜，也爱画丝瓜。白石老人曾说："小鱼煮丝瓜，只有农家能谙此风味。"生动地反映出他的饮食爱好。在北京辟才胡同白石老人的小四合院内，到了九月，院中满是丝瓜葫芦，所有见天的空间都密布着瓜架。在蔬果中，白石老人最爱吃最爱画的先属白菜，此外，就是丝瓜。他笔下的《丝瓜蜜蜂图》曾经是几家博物馆争相收藏的艺术精品；《子孙绵延》是白石老人另一幅以丝瓜为题材的画作，画面上两根结好的丝瓜，加之一些未开的花骨朵儿，画意极好，颇体现了齐白石画丝瓜的功力。《子孙绵延》一图是百年老店荣宝斋资料室的旧藏，世人少有一睹。另有白石老人笔下的《丝瓜萝卜图》、《丝瓜蜻蜓图》皆为名大馆室争藏，也充分体现了白石老人对丝瓜的偏爱。

丝瓜富含蛋白质、脂肪、碳水化合物、钙、磷、铁及维生素B1、维生素C，还有皂甙、植物黏液、木糖胶、丝瓜苦味质、瓜氨酸等物质元素，营养十分丰富。介绍一道清淡爽口的本帮菜——老油条炒丝瓜。若买回来的油条来不及马上吃完，就不松脆了，但配上清香的丝瓜一炒，却化腐朽为神奇，变为佳肴了。

佛手瓜

菜语

福寿、祝福

佛手瓜瓜形如两掌合十，有佛教祈福之意，因此被称之为『佛手』、『福寿』而深受人们喜爱。

原产于墨西哥的佛手瓜

佛手瓜又名隼人瓜、安南瓜、寿瓜、洋瓜等，是葫芦科佛手瓜属植物，原产于墨西哥。佛手瓜的驯化时期可以追溯到 16 世纪初叶。早在西班牙人到达美洲之前，居住在墨西哥的印第安人就已栽培食用佛手瓜了。

欧美国家称佛手瓜为墨西哥黄瓜。大约在 19 世纪初，佛手瓜分别经由欧洲、西亚和东南亚等多种途径传入中国。

佛手瓜在清道光二十八年（公元 1848 年）刊行的《植物名实图考长编》中已有著录。具体年代也有说为 1915 年传入，在中国江南一带都有种植，其中以云南、广东和广西传播较广。日本的佛手瓜则在 1917 年从美国引入。

在各种时蔬水果中，佛手瓜属于很快就入乡随了俗的。在新中国成立初期的各家房前屋后，都有一两个“窝”。用“窝”来描述这种植物很生动——只需要一个“窝”那么大的地面，长出来的瓜藤就可以爬满一棵大树、一片房顶，佛手瓜的易种与高产，使得它的价格非常便宜，在当令的时节，价格往往还不如萝卜白菜，因而一度成为亲民的蔬菜。

一个瓜一粒种

佛手瓜的种子较为奇特，一个瓜只含有一粒种子，且种子没有坚硬的种皮保护。种子离瓜后不能发芽，必须有整个瓜在一起才能保存。因此，种瓜于11月下旬采收后，须将整个瓜保存在缸内或沙藏于温暖之处，保暖防冻过冬。催芽时间于第二年1月下旬将种瓜取出，用塑料袋逐个包好，移到暖室或热炕上催芽。佛手瓜营养丰富，含有蛋白质、纤维素、碳水化合物及多种维生素，以及钙、磷、锌等多种矿质元素，其中，锌对儿童智力发育影响较大，常食含锌较多的佛手瓜，有助于提高智力。佛手瓜清脆多汁，味美可口，营养价值较高，既可做菜，又能作为水果生食。

佛手瓜名称的演变

日本人称佛手瓜为『隼人瓜』，因佛手瓜传入日本后，首先在日本南端的鹿儿岛栽培，然后逐渐推广到日本全土，由于鹿儿岛曾是『隼人』部族的旧居地，因此在日本人便以其引入推广地域的部族名称命名，称其为『隼人瓜』。后来这一称谓传入中国，对于这种舶来品，人们依据其原产地、品质和功能特征，以及栽培、贮藏特性等因素，又结合运用素描、比拟、音译等手段，先后命名了隼人瓜、菜肴梨、安南瓜、梨瓜、洋丝瓜、拳头瓜、合掌瓜、福寿瓜等 30 多种不同的称谓，名称十分混乱。后根据瓜形如两掌合十，有佛教祈福之意，因此被谐音为『佛手』、『福寿』，而深受人们喜爱。

豆与荚

菜语

倔强、危险

因菜豆在烹饪时不进油盐，常被用来比喻那些不听劝告，任性又倔强的人。

豆角正名为菜豆

菜豆别名颇多，根据中国南北方不同叫法有四季豆、芸豆、架豆等，还有一个统一的俗称“豆角”，其正名叫做菜豆，以植物的嫩荚果和种子供食。

菜豆起源自美洲中部和南部。据考古证实，大约 7000 年前，墨西哥的瓦特坎谷地住民和秘鲁的科莱约・德・瓦伊拉斯印第安人就种植这种蔬菜。菜豆是由葡萄牙和西班牙探险者及商人传播到世界各地的。16 世纪，西班牙和葡萄牙人把它带到了非洲；大约在明代的后期由印度引入中国。

明万历二十四年（公元 1596 年），李时珍在撰写《本草纲目》时对此豆已有记载。在菜豆被引入的初期，由于其亦以嫩荚入蔬，故常与“扁豆”、“豇豆”等中国原有的豆类蔬菜相混淆。

光绪三十三年（公元 1907 年），驻美国和奥地利的临时代办周自齐和吴宗濂分别由所在国购进的“菜豆”种子在北京进行试种，获得成功。从此“洋豆角”在北京落户，遂成为中国人所喜爱的一种日常蔬菜。

诗经《采菽》

《诗经》是中国最早的一部诗歌总集，收集了自西周初年至春秋中叶大约五百多年的305篇诗歌。《采菽》出自《诗经·小雅·鱼藻之什》。

“采菽采菽，筐之筥之，君子来朝，何锡予之”，这里的“采菽”指的即是采摘大豆叶。在当时，大豆叶可以作为蔬菜食用。“筥”亦筐也，方者为筐，圆者为筥。译成现代汉语就是：“采大豆叶啊采大豆叶，圆篓方筐来装下，诸侯君子来朝见，王用什么赠予他。”讲的是诸侯上朝之前，身为大夫的作者对周天子可能给他们准备的礼物的猜测。“采菽采菽，筐之筥之”——整首诗欢快、热烈、隆重的气氛从此定下基调，余下的诗句语言朴实，叙事生动，体现了《诗经》“饥者歌其食，劳者歌其事”的朴素风格。

『四季豆不进油盐』

菜豆传入中国，受到人们的欢迎和喜爱，成为居家常食蔬菜。后来在北方语言中形成了一句俗语：『四季豆不进油盐』。天长日久，逐渐简化为『油盐不进』。这句话既指烹饪菜豆时要多放点油盐，多炒一时才能进味儿；在生活中又常用来比喻那些不听劝告，任性又脾气犟的人。在老成都有一道名菜：盐菜四季豆，在炒制的过程中，成都人会放极少量的油，而盐菜本身就具有咸味，如此焖制出的四季豆，想不进味也难了。

慈禧与芸豆卷

菜豆中的皂苷类物质能降低脂肪吸收功能，促进脂肪代谢，其所含的膳食纤维还可减短食物通过肠道的时间，可减肥瘦身，是一种难得的高钾、高镁、低钠食品，尤其适合心脏病、动脉硬化、高血脂、低血钾症和忌盐患者食用。清代宫廷名点『芸豆卷』就是采用菜豆种粒做成的，香甜爽口、入口即化，深受慈禧喜爱。颐和园内的听鹂馆饭庄制作的芸豆卷，1997年12月被中国烹饪协会授予首届全国中华名小吃称号，为『老北京小吃十三绝』之一。

豇豆

菜语

细长、优雅

豇豆有一个好听的名字叫『裙带豆』，因其形同女子紧束的腰带而得名。

以菜为主，菜粮兼用

豇豆别名长豆角、裙带豆等。关于豇豆的起源地，多数人认为非洲的埃塞俄比亚是其起源中心。其后，豇豆从印度被传到南亚和远东，再传入欧洲，现广泛分布于热带、亚热带和温带地区。据传，阿拉伯人常把豇豆当做爱情的象征，小伙子向姑娘求婚，总要带上一把豇豆，而新娘到男家，嫁妆里也少不了豇豆。

豇豆在中国最早的记载见于公元3世纪初三国时期的张揖所撰《广雅》。《广雅》一书是继《尔雅》和《说文解字》之后中国的又一部重要的语文专著，而在东汉前期许慎（约公元58 ~ 147年）编纂的《说文解字》中未见“豇豆”的相关记载，由此可以推论，“豇豆”约在东汉后期沿丝绸之路引入中国。北宋《图经本草》中有豇豆的记载，苏轼等文学大家也存有咏豇豆的诗文。到明代，自朱橚所撰《救荒本草》以来，《本草纲目》、《便民图纂》等书志均有记载，可见明代已广泛栽培豇豆。自明以后，随着豇豆品种类型的增多，以及栽培技术的普及，豇豆逐渐成为“嫩时充菜、老则收子”、“以菜为主，菜粮兼用”类型的豆类作物。难怪李时珍在《本草纲目》称赞：“此豆可菜、可果、可谷，乃豆中上品”。

『绿畦过骤雨，细束小虹蜺』

明末清初诗人吴伟业在《圆圆曲》中讽刺吴三桂降清『恸哭六军俱缟素，冲冠一怒为红颜』之句，成为广为传颂的名句。吴伟业在其『豇豆诗』中写到『绿畦过骤雨，细束小虹蜺。锦带千条结，银刀一寸齐。贫家随饭熟，饷客借糕题，五色南山豆，几成桃李溪。』这首诗赋予了我们美丽的想象空间：一场急来春雨过后，彩云条条布在天空。豇豆如同千条锦带一样飘荡在园子里。百姓家用豇豆做好糕点款待好客人，客人吃得高兴，主家也欢喜，一派其乐融融岁月静好的田家风光。

酸豆角

酸豆角可以随腌随吃，比做泡菜更简单。酸豆角炒肉末是一道贵州特色菜，酸辣咸香，风味极佳。酸豆角含有丰富的优质蛋白质、碳水化合物及多种维生素、微量元素等，可补充机体所需的招牌营养素，特别是其所含的B族维生素能维持正常的消化腺分泌和胃肠道蠕动的功能，抑制胆碱酶活性，可以充分帮助消化，增进食欲。

“裙带豆”的来历

豇豆有一个好听的别名叫“裙带豆”。

“裙带”原意为女子束裙裳的腰带，引申后比喻为与妻女姊妹等有关的亲戚关系。社会上一般讽刺靠妻女姊妹等关系升官、发财之风为“裙带风”。南宋周煇著《清波杂志》卷三载：“蔡拜右相，家宴张乐。伶人扬言曰：右‘丞今日大拜，都是弟夫人裙带’。讥其官职因弟妻而致。中外传以为笑。”蔡京弟妻为王安石之女，蔡京算是靠裙带关系当上了宰相，因其是贪官，宋钦宗即位后蔡京便被贬岭南，途中死于今湖南长沙。但蔡京与其弟蔡卞也是王安石变法的忠实维护者，并曾以王安石坐像配享孔子身边，位于孟子之后，这“裙带”之惠也算是借得值了。

豇豆作为日常百姓食用的菜蔬，与“裙带风”无关。只因其细长，形同女子紧束裙裳的腰带，故得此名。有报道称，最长的豇豆可长达 1.6 米。

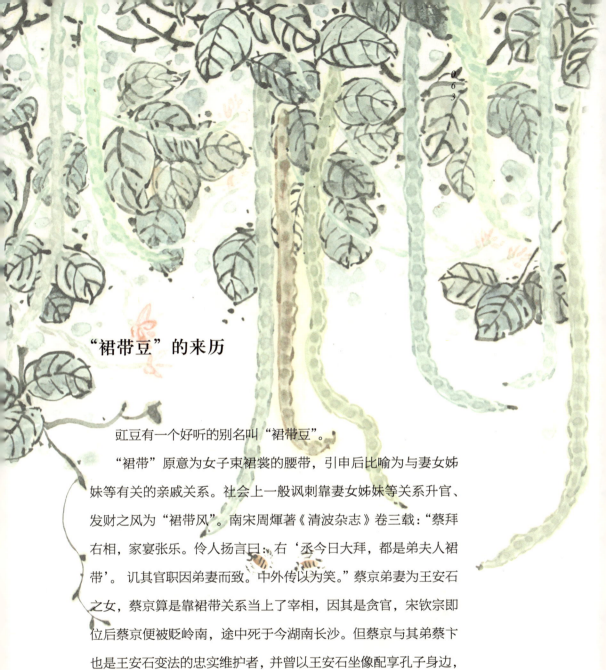

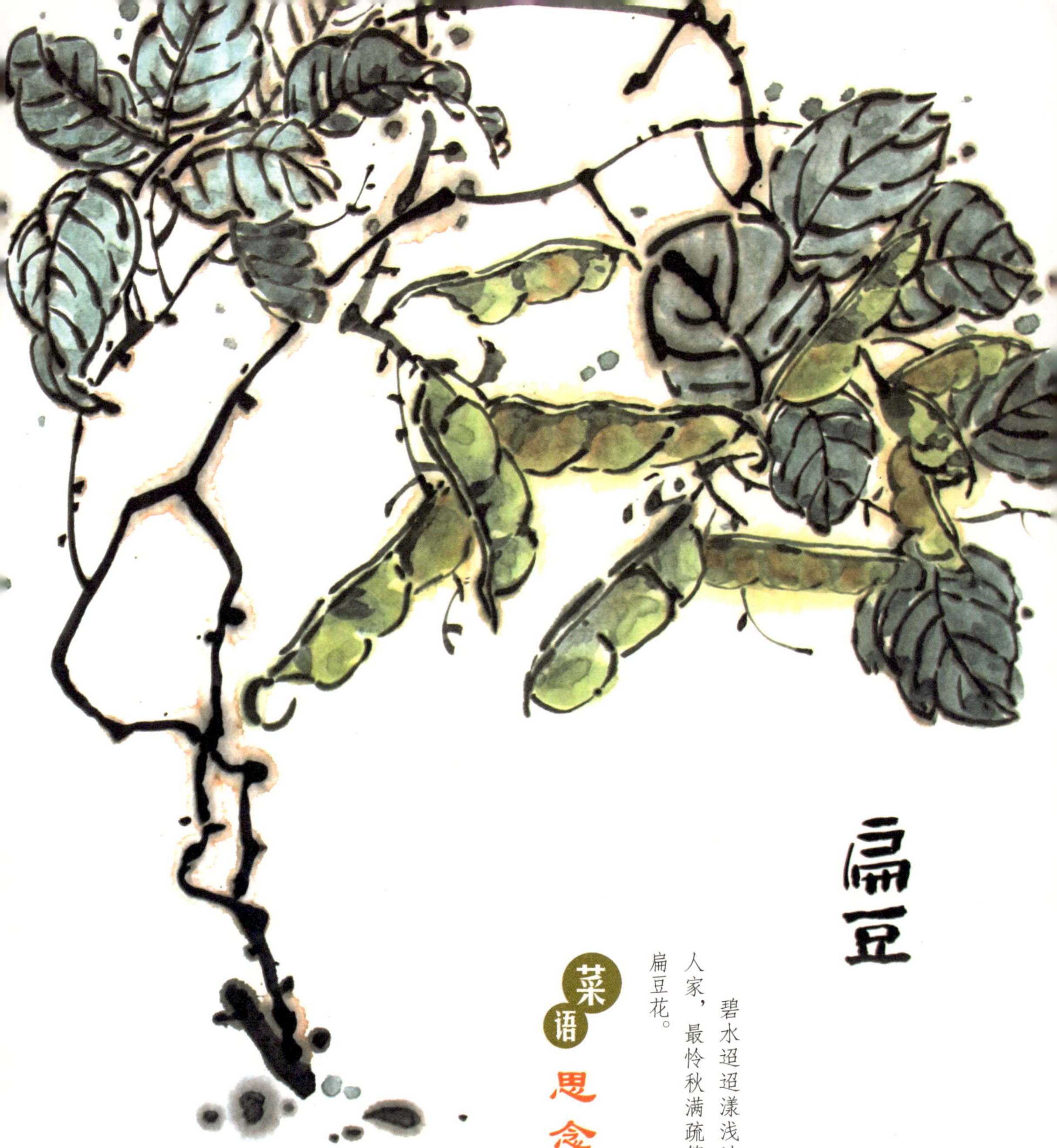

扁豆

碧水迢迢漾浅沙，几丛修竹野人家，最怜秋满疏篱外，带雨斜开扁豆花。

菜语

思念、生机

紫花扁豆和白花扁豆

扁豆别名蛾眉豆、眉豆、鹊儿豆、沿篱豆等。世界各热带、亚热带地区均有栽培，扁豆花有红白两种，豆荚有绿白、浅绿、粉红或紫红等色，嫩荚可作蔬食。

扁豆原产于亚洲南部，大约在公元3世纪的魏晋时期，扁豆传入中国。北宋苏颂的《本草图经》中已载：扁豆“花有紫、白两色”。南宋著名诗人杨万里有“道边篱落酬遮眼，白白红红扁豆花”的诗句，从中可以看出当初的扁豆只是农家沿篱笆种植而已，很少在大田栽培。

清学者查学礼也咏颂过扁豆花：“碧水迢迢漾浅沙，几丛修竹野人家。最怜秋满疏篱外，带雨斜开扁豆花。”关于此诗，有人读出凄凉，有人读出寥落，我却读出欢喜——人生秋至，在疏篱外还有随风雨摇曳的扁豆花，满满地盛开、生命不息，这绿意婆娑的扁豆藤叶和肆意的花儿，倒将生命之秋渲染得更加浓烈。

现在扁豆的栽培已遍及世界各地，经过长期的选育，扁豆形成了许多变种。其中包括在中国长期生长繁衍的紫花扁豆和白花扁豆。

思乡的扁豆花

清朝著名的藏书家方南塘，惯喜游历。多日远游，不思归乡。有一日接到家中老伴的来信，信里说到家中的扁豆花开了，他的归乡之思忽被拨动，随即赋诗一首：编茅已盖床头漏，扁豆初开屋角花。旧布衣裳新米粥，为谁留滞在天涯。方南塘的老伴智慧颇具，用一架扁豆花唤起夫婿归乡之思；方南塘亦为文人多情，用“旧衣新米扁豆花”阐释了归乡情。不只方南塘，清代叶松石的《煮药漫抄》里也有一个典故，说他在上海与一位老友不期而遇，相约同游吴门。次日，老友却毁约急着回家了。追问时，老友告诉他：本意偕游，昨读方南塘的扁豆花一诗，浩然有归志。

在历朝历代，描写扁豆的诗篇很多，如“庭下秋风草欲平，年饥种豆绿成萌，白花青蔓高于屋，夜夜寒虫金石声。”诗的意境很美，但远不如“一庭春雨瓢儿菜，满架秋风扁豆花”给人的感觉更美。此句据说是郑板桥流落到苏北小镇安丰时，写在厢房门板上的一副对联。春雨淅淅，满畦的瓢儿菜肥了；秋风飒飒，一架扁豆花开了。瓢儿菜与扁豆都可以种在房前屋后的庭院里。这副对联，描写的是生机盎然的庭院景象，表现的是宁静淡泊的士大夫情怀。

蚕豆

菜语

长寿、禅性

『捡佛豆』是旧社会民间的一种习俗，由家中老人捡出，儿女煮熟散于众人食用，以此广结寿缘。

蚕豆又名“佛豆”、“倭豆”

蚕豆别名胡豆、罗汉豆、佛豆等。原产欧洲地中海沿岸，亚洲西南部至北非地区也有栽培，约在汉代经丝绸之路传入中国。

蚕豆最早的明确记载出现在北宋成书的《益部方物略记》和《图经本草》中，前者所载四川物产“佛豆”，说:“豆粒甚大而坚，农夫不甚种，唯圃中莳以为利”。可见蚕豆在宋元时，种植得还不太普遍。约成书于明代永乐间由朱橚撰写的《救荒本草》中说“蚕豆今处处有之”;明代宋应星所著《天工开物》中又说“襄汉上流，此豆甚多而贱，果腹之功，不啻黍稷”，说明到了明代，蚕豆已广为种植。

蚕豆的背后，还隐藏着一段惊涛骇浪的抗倭历史，至今宁波人还把蚕豆叫做“倭豆”。据宁波天一阁方志馆馆长龚烈沸介绍，倭豆即蚕豆，倭豆的叫法可以追溯到明代。当时，每到蚕豆上市的时节，倭寇便趁洋流进犯宁波。有一年蚕豆成熟，不堪其扰的定海金塘岛居民收集了全岛所种的蚕豆，倒在倭寇上岛必经之路上,并用发酵“白药”促其腐烂,使其变成陷道。几天后倭寇上岛，果然陷在其中进退不得，村民冲出来，用长柄镰刀削落倭寇头领首级并一举歼灭。为了纪念这一大快人心的事件，浙东沿海人民从此就把蚕豆改叫“倭豆”了。

拣佛豆积寿

红楼梦第七十一回“嫌隙人有心生嫌隙，鸳鸯女无意遇鸳鸯”中写有“拣佛豆”的情节：贾母道，你两个在这里帮着两个师傅替我拣佛豆儿，你们也积积寿，前儿你姊妹们和宝玉都拣了，如今也叫你们拣拣，别说我偏心。“拣佛豆”是旧社会民间的一种习俗，据说由老人将簸箩内的蚕豆一个一个地拣到另一个容器中，每拣一个念一声佛。儿女们为表孝心，也会帮着捡。拣出的佛豆由儿女煮熟了，散给众人吃，以广结家中长辈寿缘。

忘不了的“面胡豆”

在过去的北京胡同中，常有卖“面胡豆”的伙计，“面胡豆”的具体做法为将蚕豆泡发芽，加盐、花椒、大料煮熟，放在一个半圆形的木箱中，木箱外有一圈锃亮的铜泡钉，十分漂亮。做此营生的多为回民，他们走街串巷，用哑亮哑亮的声音叫卖着“面胡豆”，孩子们听到吆喝声，拿着碗跑出来，花上几分钱，就可以买到一小碗面胡豆来解决口腹之欲。热热的面胡豆，又面又香。几十年过去了，售卖面胡豆的营生已不复存在，但在老北京的记忆中，却总也忘不了。

食野之苹

枸杞

菜语 **延年、益寿**

四时可以采，不采当自荣。
青条覆碧甃，见此眼已明。
目为仙人杖，其事因长生。
饮此枸杞水，与结千岁盟。

枸杞的药用与菜用

枸杞的全株均可入药，其果实被人们称为『枸杞子』，具有多种保健功能，是中国卫生部批准的药食两用食物。枸杞的根皮入药，被称为『地骨皮』，具有凉血除蒸、清肺降火等功效；枸杞的嫩茎叶或嫩芽被中医称之为『天精草』，意为集天地精华的植物。

枸杞分药用和菜用两个栽培品种。菜用枸杞叶肉较厚，味浓，食用部分为嫩梢，俗称枸杞头。在中国，人们食用枸杞的嫩茎叶有着久远的历史。枸杞子最早见于殷商时期的甲骨文，甲骨文名家罗振玉指出甲骨卜辞中关于殷商时期农田生产的内容颇多。另据《史记》《通志》载『杞氏』为『夏禹之后』。说明人们在夏禹时代就已认识杞树并崇拜杞树了。《诗经》上有『涉彼南山，言采其杞』的诗句。唐代孟诜在《食疗本草》中记载枸杞能『坚筋骨、耐老、除风、去虚劳、补精气』，唐代韩谔著《四时纂要》则记载了枸杞的栽培方法；至元代，《务本新农》一书则明确指出枸杞作为蔬菜食用；到了明代《本草纲目》中也记载枸杞能『滋肾润肺，明目』。

《枸杞井》

据传说，唐代楚州（今江苏淮安）有个开元寺，寺里有一口井，井旁长有许多枸杞，高的有一、二丈，其根盘结粗壮，寺里人饮此井水，人人面色红润，至八十高龄而头不白、齿不掉。唐宝历二年（公元826年），刘禹锡与白居易在淮安不期而遇，受到淮安府山阳县太守使君的热情招待，并亲自策划淮安文坛的一场盛大聚会，地点便选在开元寺，文人雅士齐聚枸杞井旁品茗做客、吟诗咏对，刘禹锡即兴为此井做《枸杞井》一诗：“僧房药树依寒井，井有清泉药有灵。翠黛叶生笼石甃，殷红子熟照铜瓶。枝繁本是仙人杖，根老能成瑞犬形。上品功能甘露味，还知一勺可延龄。”

宋朝著名文学家蒲寿宬，也作有《枸杞井》一诗，与刘禹锡之诗有异曲同工之妙，说的大致相同，均指常食用枸杞能强身长寿。诗曰：四时可以采，不采当自荣。青条覆碧甃，见此眼已明。目为仙人杖，其事因长生。饮此枸杞水，与结千岁盟。

枸杞的传说

据传盛唐的某天，经丝绸之路赶来了一批西域商贾，傍晚在客栈住宿，见有一女子斥责老者。商人上前责问：“你何故这般打

骂老人？”那女子道：“我训自己的孙子，与你何干？”闻者皆大吃一惊。原来，此女子已 100 多岁，老汉也已是年近九旬。他受责打是因为不肯遵守族规服用草药，弄得未老先衰、两眼昏花。商人惊诧之余忙向女寿星讨教高寿的秘诀。女寿星见使者一片真诚，便告诉他自己四季服用的草药便是枸杞。后来枸杞便传入中东和西方，被那里的人们誉为“东方神草”。

枸杞叶、明目叶

枸杞自古以来就为滋补强壮的食药，近代医学及营养学研究证明，枸杞含有较高的蛋白质、粗纤维及各种矿物质，维生素的含量均高于一般蔬菜。尤以胡萝卜素含量为最高，每 100 克鲜叶中含 3.9 毫克。食用枸杞嫩茎叶，可以预防干眼症和夜盲症。因此枸杞叶又称明目叶。枸杞中还含有锗，最新科学研究证明，锗是干扰素的诱生剂，用有机锗 132 接种患肺癌的小鼠，可使休止的巨噬细胞活化而抑制癌细胞的转移。在不远的未来，锗制剂在人体保健中将占有重要的地位。

黄花菜

菜语

慈祥、母爱

《诗经疏义》中写道：『北堂幽暗，可以种萱』。北堂通常为母亲居住之地，萱草也就成了母亲的代称。

吃花的蔬菜

黄花菜别名众多，有萱草、忘忧草、宜男草、疗愁和鹿箭等名。原产于中国、西伯利亚、日本和东南亚，其所属之黄花菜属的拉丁文名 Hermerocallis，源于希腊文，表示“一日之美”，以其一朵花仅开一日为名，从日出开至日落，隔日即换开另一、二朵绽放。

古人称黄花菜为萱草，宋代苏颂《图经本草》中记载：“萱草处处田野有之，五月采花，八月采根。今人多采其嫩苗及花为食。”表明当时黄花菜还处于野生状态，尚未人工栽培，并以采收“花器”入蔬。明代李时珍《本草纲目》中载有：“萱草下湿地，冬月丛生。新旧相代，四时青翠……今东人采其花跗干而货之。”印证了至少在明代，已有黄花菜的人工栽培，并有黄花菜的干制品应市了。

经近代研究，黄花菜含有丰富的碳水化合物、蛋白质及脂肪等营养物质，尤以磷的含量高于其他蔬菜。黄花菜有较好的健脑和抗衰老功效，因其含有丰富的卵磷脂，是机体中许多细胞，特别是大脑细胞的组成成分，对增强和改善大脑功能有重要作用，尤其对注意力不集中、记忆力减退、脑动脉阻塞等症状有特殊疗效，故人们称之为“健脑菜”。但需注意鲜黄花菜中含有一种“秋水仙碱”的物质，经过肠胃道的吸收，在体内氧化为有毒的“二秋水仙碱”，故鲜黄花菜不宜食用。

忘忧草

东晋人张华撰《博物志》载：『萱草，食之令人好欢乐，忘忧思，故曰忘忧草。』晋太子太傅丞崔豹撰《古今注》（公元 290 年）中有『欲忘人之忧，则赠以丹棘（萱草）』，陶渊明的《饮酒诗》中写有：『泛此忘忧物，远我遗世情』；白居易也有诗云：『杜康能散闷，萱草解忘忧』，为他晚年的知己刘禹锡屡遭贬谪的身世予以劝慰。

20 世纪 50 年代，据闻董必武在外地公差时，寄给夫人何连芝四句文字道：『贻我含笑花，报以忘忧草，莫忧儿女事，常笑偕吾老』，以此劝慰她勿再为家事多忧。其实，从科学的角度来看，一棵区区无名小花，本身并无含有任何解忧的元素，只不过在观赏之际，可助人转移情感，稍散一时之闷，忘却片刻之忧而已。

母亲花——萱堂

《诗经·卫风·伯兮》中有："焉得谖草，言树之背。"儒学集大成者朱熹注曰："谖草，令人忘忧；背，北堂也。"这里的谖草就是萱草，谖是忘却的意思。这句话的释义即为："到哪里弄一支萱草，种在北堂前，好忘却了忧愁呢？"《诗经疏义》称："北堂幽暗，可以种萱"。北堂是母亲居住的地方，故母亲居住的屋子也被称为萱堂，萱草就成了母亲的代称，被称为中国的母亲花。

古时游子要远行时，就会先在北堂种上萱草，希望母亲减轻对孩子的思念，忘却烦忧。唐代孟郊《游子诗》写道："萱草生堂阶，游子行天涯；慈母倚堂门，不见萱草花。"苏东坡也曾赋诗："萱草虽微花，孤秀能自拔，亭亭乱叶中，一一芳心插。"他所述的"芳心"，就是指母亲的爱心。

元代著名画家王冕也作《偶书》："今朝风日好，堂前萱草花；持杯为母寿，所喜无喧哗。"王冕是远近闻名的孝子，他辛苦作画，用得来的钱孝敬老母，久而久之，他的画越发出神入采，闻名天下。

黄秋葵

菜语

强壮、保健

经医学研究，黄秋葵的抗疲劳作用与人参相当，而被人们称为『绿色人参』。

源自非洲的蔬菜新贵

黄秋葵别名秋葵、羊角菜、羊角豆、羊角椒等，以嫩荚、嫩叶、嫩芽和花供人们食用。

黄秋葵原产于非洲和亚洲的热带地区，是一种极受北非、中东、南亚等地区人们所喜爱的蔬菜。虽然没有明确的文字记载，但研究普遍认为秋葵原产自埃塞俄比亚高地。因为这一区域的地理环境相对封闭，所以在漫长的史前时期，秋葵都只是当地居民的小食而已，连临近的埃及都没有关于秋葵种植的文字记录。秋葵的英文名字“Okra”，被认为是摩尔人和埃及人对秋葵的称呼。约在7世纪时，穆斯林征服了埃及，同时带来了秋葵和它的阿拉伯语名字，可以说埃及是秋葵通向全世界的跳板。

黄秋葵于1658年经贩卖奴隶的船只由大西洋带入美洲，至1800年，秋葵在美国已经被普遍推广，并在1806年出现了最早的变种培植记载。

20世纪初叶，黄秋葵从印度被引入至中国上海。尽管黄秋葵引入中国已有近百年的历史，但栽培仍不十分普遍。近年来，在日本、中国的台湾、香港地区及一些西方国家，秋葵已成为热门畅销蔬菜，特别是在非洲许多国家已成为运动员食用之首选蔬菜，更是老年人的保健食品。

植物伟哥

欧美国家喜欢称黄秋葵为『植物伟哥』，认为其壮阳效果可与药物伟哥相当。研究发现，黄秋葵花中富含黄酮，其比大豆子叶中所含黄酮高 300 倍左右，具有调节内分泌、抗衰老等功效。但黄秋葵的壮阳作用与化学药物伟哥不同，药物伟哥主要作用于局部，而黄秋葵是通过全身的调节，即通过促进血液循环来增添耐力而逐步发挥作用，故其作用更温和而持久。但应了解，秋葵中虽含有植物激素，但含量较微，一般的烧菜用量不会有壮阳的明显功效，除非坚持长期服用。

运动员蔬菜

由于黄秋葵具有明显的增加耐力和抗疲劳功效，因此早有作为运动员蔬菜的先例。2008 年北京奥运会上，黄秋葵已被列入了运动员蔬菜名单。经实验显示，食用黄秋葵组的运动员，运动耐力显著延长，在耐缺氧、耐寒、耐热的试验中，黄秋葵组也表现了较好的抗应激作用，并且对剧烈运动后血乳酸的恢复具有明显的促进作用，对血清尿素氮也有明显的降低作用。这些试验有力地证明了黄秋葵可提高运动员耐力、减轻疲劳、还可提高运动员的应激能力。

绿色人参

医学上曾以人参和黄秋葵的抗疲劳作用进行对比试验：包括小鼠耐力实验、耐缺氧试验、耐寒耐热实验和剧烈运动后血乳酸水平影响。大部分实验结果显示，黄秋葵与等量的人参作用相当，耐缺氧项目的黄秋葵用量比人参大一倍时，效果相当；仅耐寒力项目的效果低于人参。这说明黄秋葵有类似“人参”的功效，被称为“绿色人参”是当之无愧的。

黄秋葵还有其他诸多保健功效，例如它含有的维生素 A 能有效地保护视网膜；其富含的果胶和多糖等组成的黏性物质，对人体具有促进胃肠蠕动、防止便秘等保健作用；另外黄秋葵低脂、低糖，可以作为减肥食品，由于其富含锌和硒等微量元素，还可以增强人体防癌抗癌能力。

但从中医角度说，秋葵是寒性食物，善于清热利湿，因此最适合体虚湿热和减肥人群食用，但是脾胃虚弱的人不建议吃。此外，由于秋葵含有草酸钙，肾结石和高尿酸患者也不适合食用。另不建议生吃秋葵，因为秋葵表面布满绒毛，生吃会损伤肠胃。

菜根谈

竹笋

芦笋

菜语 变化、新鲜

芦笋是拥有变态器官最多的植物之一，同时富含高维生素与氨基酸，是享誉国际的『蔬菜之王』。

“出口”蔬菜

芦笋又名石刁柏、龙须菜等，原产地中海东岸及小亚细亚地区，至今欧洲、亚洲大陆及北非草原和河谷地带仍有野生种。

早在公元前 234 ~ 149 年的古罗马文献中就有记载，考古学家发现了古埃及人种植芦笋的证据，有力地证明了芦笋的人工栽培已有 2000 年以上的历史。

中国栽培芦笋从清末开始，至今仅有百余年，在沿海地区各大城市郊区有零星栽培，为当地鲜销。20 世纪 80 年代后，福建、河南、陕西、安徽、四川、天津等地市开始大规模地发展芦笋生产，到 20 世纪 90 年代初，全国栽培面积已达 6.6 万公顷以上，年产罐头超过 8 万吨，芦笋已成为中国出口创汇的主要蔬菜产品之一。

目前，中国仍是芦笋的最大生产国，远远领先于其他国家。“世界芦笋看中国，中国芦笋看永济”，从 20 世纪 90 年代至今，经过短短 20 多年的发展，山西永济的芦笋以色白、质优、皮薄而享誉世界，“小芦笋出口挑大梁”——在世界芦笋行业中，永济芦笋始终保持着举足轻重的地位。

绿芦笋、白芦笋、紫芦笋

芦笋是一种多年生宿根植物，和一般的蔬菜不同，一次播种、育苗、定植到大田后，可连续采笋10～15年。芦笋地上茎为绿色，种植中为得到更鲜嫩的笋，常采用培土栽培。地上茎由于见不到光，从而形成白色的笋。从营养角度看，白色笋的营养价值并不如见光生长的绿色笋。

作为特殊品种，芦笋还有紫色的品种。紫芦笋顶端呈长圆形，鳞片包裹紧密，嫩茎呈紫罗兰色，形状肥大，口感多汁并微甜，质地细嫩，纤维含量少，不易出现空心现象，生食口感极佳。紫芦笋作为美国水果型甜笋，也是唯一能够生食的芦笋品类，很受当地人欢迎，并畅销于欧洲及日本和东南亚地区。

器官变态的“蔬菜之王”

在自然界中，有些植物的营养器官为适应不同的环境，行使了特殊的生理功能，其形态结构就发生变异，经历若干世代以后，越来越明显，并成为这种植物的特性，这种现象被称为“营养器官的变态”，芦笋便是一种器官变态最多的植物。

芦笋的茎分为地下根状茎、鳞芽和地上茎三部分。地下根状茎是短缩的变态茎，多水平生长；根状茎有许多节，节上的芽被鳞片包着，故称鳞芽；鳞茎形成的地上茎是肉质茎，其嫩茎便是食用的芦笋。芦笋的叶分为真叶和拟叶两种，真叶是一种退化了的叶片，着生在地上茎的节上，呈三角形薄膜状的鳞片，“拟叶”则是一种变态枝，簇生，呈针状。

芦笋是含有高维生素和氨基酸的蔬菜，在国际市场上享有“蔬菜之王”的美称，并被世界卫生组织定为“世界十大蔬菜之首”，在国内外市场俏销不衰。芦笋富含多种氨基酸、蛋白质、维生素及多种其他特殊物质，各类含量均高于一般菜蔬，具有调节机体代谢，防癌抗癌、降血压血脂、健肾、增强免疫力之功效。在高血压、心脏病、白血病、水肿等症的预防和治疗中，具有很强的抑制作用和药理效应。

竹笋

菜语

生机、孝心

《二十四孝》中的《哭竹生笋》讲述了三国时孝子孟宗的孝行，谢灵运作『孟积雪而抽笋，王断冰鲙鲤』之句予称颂。

3000年的食用史

竹笋原产于中国，类型多、分布广，盛产于热带、亚热带和温带地区。而竹笋作为蔬菜食用的部分是竹的嫩芽或鞭（地下茎的侧芽）。竹笋在中国自古即被当做“菜中珍品”，其食用和栽培历史非常悠久。《诗经》中就有“加豆之实，笋菹鱼醢”、“其簌伊何，惟笋及蒲”等诗句，表明了百姓食用竹笋已至少有近3000年的历史。

宋代赞宁所撰《笋谱》（公元10世纪后期），记录的竹笋品种名称已有90余个。其实任何竹类都能产笋，但可作为蔬菜食用的竹笋，必须组织柔嫩，无苦味或其他恶味，因而一般供人们食用的只有淡笋、甘笋、毛笋、冬笋及鞭笋等。《笋谱》还记载了竹笋的采收、食用、收藏及腌制、作脯等方面的技术，反映了当时人们对竹笋的利用已相当普遍。

大文豪苏轼曾作诗《于潜僧绿筠轩》云：“可使食无肉，不可居无竹。无肉令人瘦，无竹令人俗。人瘦尚可肥，无竹不可医。旁人笑此言，似高还似痴。”竹品即人品，人俗则世为不耻，士俗则坏世风；人无品则人废，士无品则为社会之害。故自古以来，中国文人崇尚竹品，连带及竹笋，笋文化之历史发展，也就自然直造之极了。

历代文人的歌咏

唐太宗喜啖竹笋，每当春笋上市，总要召集群臣食笋，谓之“笋宴”。唐太宗还喜欢用笋来象征国家昌盛，用笋来比喻人才辈出——犹如“雨后春笋”。竹笋作为美食被众人所青睐，历代文人对笋也多加歌咏。杜甫《送王十五判官扶侍还黔中》诗云：“青青竹笋迎船出，日日江鱼入馔来。”白居易曾经称赞竹笋“每日遂加餐，经时不思肉”。晚唐诗人韦应物描绘的竹笋图则更为清新迷人：“新绿苞初解，嫩气笋犹香，含霜渐舒叶，抽丝梢自长。”

竹笋亦有许多别名，颇具文人雅趣。苏东坡笔下的竹笋就有竹萌、竹雏、箨龙等称谓，并在咏笋诗中屡有所见，如：“故人知我意，千里寄竹萌”、“邻里亦知偏爱竹，春来相与护龙雏”、“汉川修竹贱如蓬，斤斧何曾赦箨龙”。晚唐文学家皮日休则称竹笋为“竹胎”，有名句：“水花移得和鱼子，山蕨收时带竹胎，将竹笋的鲜嫩描绘得惟妙惟肖。”

至近代，书画大师吴昌硕对家乡的竹笋念念不忘，饮宴时特意为《竹笋图》题诗：“客中虽有八珍尝，哪及山家野笋香”。到了现代被人们赞颂的“嫩笋香如鸡舌汤”、“笋尖玉兰片”、“佳蔬绿笋茎”更成为人们日常所青睐的佳肴了。

孟宗《哭竹生笋》

《二十四孝》中的《哭竹生笋》讲述了三国时孝子孟宗的孝行。

孟宗，三国时期江夏人，年少时父亲就早早去世，只有体弱多病的母亲和他相依为命。一日母亲深感不适，孟宗经过求医问药，得知用新鲜的竹笋做汤并长期服用就可以医好母亲。因正值凛凛寒冬，根本就没有鲜笋，小孟宗非常希望母亲的身体好起来，可又无计可施。痛苦中小孟宗独自一人跑到竹林，扶竹而哭，哭声不绝。相传他的哭声打动了身边的竹子，于是奇迹发生，只听“呼”的一声，地上就瞬间就冒出了许多嫩笋。小孟宗喜出望外，他小心地摘下竹笋，欢欢喜喜地回到家中，立刻用竹笋为母亲熬好笋汤。母亲喝了笋汤之后身体果然大有好转。孟宗后来大有作为，官至司空。民间流传诗句赞其曰:“泪滴朔风寒，萧萧竹数竿。须臾冬笋出，天意报平安。”

此事虽涉传说，但意在宣扬孝道，还是值得称颂的。北周庾信在《周上柱国齐王宪神道碑》中说:“忠泉出井，孝笋生庭。”谢灵运也作《孝感赋》云:“孟积雪而抽笋，王断冰以鲙鲤。”鲁迅先生也在其《朝花夕拾·二十四孝图》中愧孟生而不如:“(哭竹生笋)，但我的精诚未必会这样感动上天。”

菜中珍品，保健佳品

竹笋在中国自古被当做『菜中珍品』。虽然有不少人认为，竹笋味虽鲜美，但没有什么营养，所谓『吃一餐笋要刮三天油』，但实际这种认识是不甚准确的。其实竹笋不但含有丰富的蛋白质和氨基酸还富含钙、磷、铁、胡萝卜素及多种维生素及矿物元素。而且竹笋的蛋白质比较优越，拥有人体必需的赖氨酸、色氨酸、苏氨酸、苯丙氨酸，以及在蛋白质代谢过程中占有重要地位的谷氨酸和维持蛋白质构型作用的胱氨酸，是优良的保健蔬菜。

但因竹笋是寒凉性食品，含有较丰富的粗纤维，容易使胃肠蠕动过快，因而有胃病的人不宜食用竹笋。同时，肝硬化、结石患者及儿童也不宜多食，因竹笋所含草酸盐易与其他食物中的钙结合而形成难以溶解的草酸钙，影响人体对钙的吸收。

萝卜

菜语

平和、通达

熟食某似芋，生吃脆如梨；
老病消凝滞，奇功真品题。

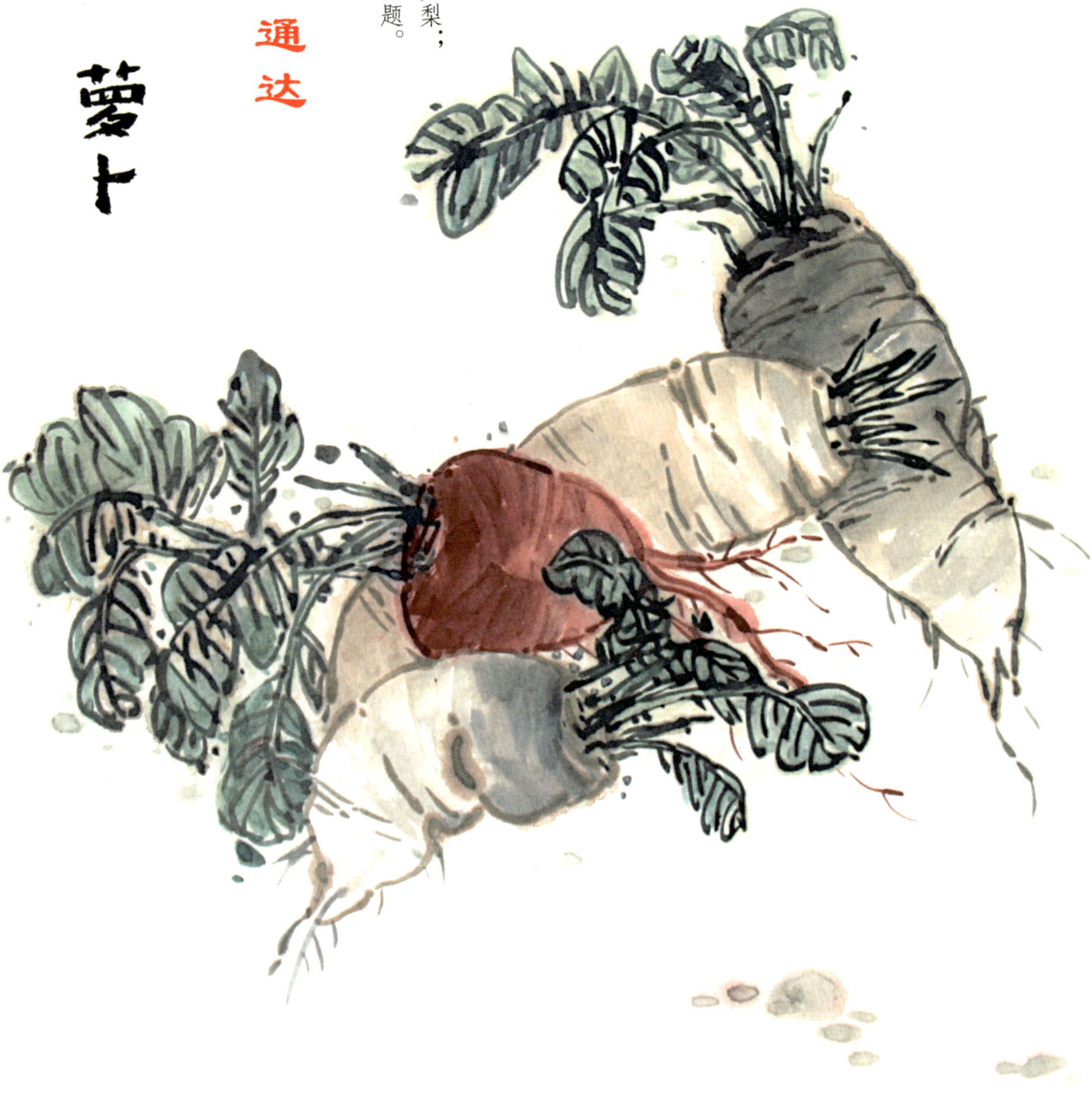

原产于中国的萝卜

萝卜别名莱菔、芦菔等。关于萝卜的起源，瑞典著名的植物学家林奈（Carolus Linnaeus，公元 1707 ~ 1778 年）在其著作中曾明确指出中国为萝卜的原产地。中国栽培萝卜的历史悠久，辞书之祖《尔雅》(公元前 300 ~ 200 年) 对萝卜已有明确的释意，称之为葖、芦葩（菔）、紫花大根，俗称“雹葖”，又名“紫花菘”。北魏贾思勰著《齐民要术》(公元 533 ~ 544 年) 中已有关于萝卜栽培方法的记载。

到了唐代，人们将上古的“芦菔”转称为“莱菔”。元代之后，“萝卜”一名才由俗名进而变为多见于各种文献书籍，如《农桑辑要》、《农书》等。至明代，得到李时珍在《本草纲目》中的确认，萝卜一名沿用至今。

日语萝卜古称カヲノ，即有“唐物”之意。在现代日语中，白萝卜被形象地称为“大根”，寓意白萝卜是日本人饮食的重要之根。在日本商场里销售的“大根”玩偶充分显示出日本人对白萝卜的喜爱。在日本，白萝卜一年四季都被摆放在最醒目的位置，带着翠绿且长的叶子整根售卖，在日本料理中的几样重要菜肴也都离不开白萝卜的陪衬。

“牡丹燕菜”

洛阳水席是河南洛阳一带特有的汉族传统名宴，属于豫菜系。洛阳水席始于唐代，至今已有1000多年的历史，是中国迄今保留下来的历史最久远的名宴之一。之所以称为水席，有两个含义：一是全部热菜皆有汤，即“汤汤水水”；二是热菜吃完一道，撤后再上一道，像流水一样不断地更新，故称“水席”。

洛阳水席中最负盛名的是“牡丹燕菜”，也即“洛阳燕菜”，在水席的24道名菜中列为首席菜——它就是用萝卜烹制的。

1973年，周恩来总理陪加拿大总理特鲁多到洛阳访问时，曾在“真不同”饭店品尝此菜。它的独特之处即把普普通通的白萝卜经过多层工序精心烹制，做出燕窝的味道，厨师在烹调此菜时，取牡丹花入肴，使之浮于汤上，使得“洛阳燕菜”更加鲜艳夺目，深得贵宾们的称赞。周总理见菜后说道：“洛阳牡丹甲天下，这菜中生花了。”从此，“洛阳燕菜”又多了一个“牡丹燕菜”的美名。

洛阳水席之牡丹燕菜

二两萝卜一两参

萝卜的营养价值自古以来就被广泛肯定，其所含多种营养成分能增强人体的免疫力。且萝卜还含有能诱导人体自身产生干扰素的多种微量元素，因而有“二两萝卜一两参”的赞誉。

有关于萝卜保健的谚语很多，如“萝卜上市、医生没事”，“冬吃萝卜夏吃姜，不要医生开药方”等。元代诗人为了赞美萝卜还写下了这样的诗句“熟食甘似芋，生吃脆如梨。老病消凝滞，奇功真品题”。明代著名医学家李时珍对萝卜也极力推崇，主张每餐必食，他在《本草纲目》中提到萝卜能：“大下气、消谷和中、去邪热气”。

在众多萝卜的品种中，老北京最喜爱的是心里美萝卜。清代著名植物学家吴其濬在《植物名实考》中，极其生动地描绘过北京“心里美”萝卜的特点，说其是“冬飚撼壁，围炉永夜……忽闻门外有‘萝卜赛梨’者，无论贫富髦雅，奔走购之，唯恐其越街过巷也。”吴其濬在京为官时，每到傍晚总要出来挑些萝卜回去，他对心里美萝卜的评价是：“琼瑶一片，嚼如冷雪，齿鸣未已，从热俱平。”

胡萝卜

菜语

诱惑

钱钟书先生在《围城》一书中讲述了用胡萝卜来诱惑驴子的故事，诙谐幽默、发人深省。

沿丝绸之路来到中国

胡萝卜别名红萝卜、黄萝卜、丁香萝卜、黄根等，起源于近东和中亚地区，在那里已有几千年的栽培历史。历史上的胡萝卜曾多次引入我国。汉武帝时（公元前 40 ~ 87 年）张骞出使西域打通了丝绸之路，首次将胡萝卜引入中国。

公元 12 ~ 13 世纪的宋元间，胡萝卜再次沿着丝绸之路传入中国，其后在中国北方逐渐选育形成了黄、红两种颜色的中国长根生态型胡萝卜。起初，它只是作为药用植物而被收入南宋时期重新修订的药典中，继而在元初，司农司又把它列入官修的农书《农桑辑要》中，开始作为蔬菜正式加以介绍。

明代李时珍在诸多的食疗蔬果中，尤首推胡萝卜。

据《蕲春县志》载，李时珍赴深山采药时遇见一位鹤发童颜的老翁，气色红润且手脚麻利，问后得知老翁长年以胡萝卜为食，且山野之人，淡食为道，清心寡欲，静心为上。李时珍听后有所启发，便将这一食疗方编入《本草纲目》，从而介绍给了更多的人。

紫色胡萝卜

我们日常食用的胡萝卜多是黄橙色，但胡萝卜的原始祖先不是黄橙色而是淡紫至近黑色。阿富汗为紫色胡萝卜最早的演化中心，其栽培历史在 2000 年以上。张骞出使西域打通了丝绸之路，首先传入中国的胡萝卜便是紫色胡萝卜。由于那时胡萝卜根细、质劣，又有一股特殊气味，加之它所具有的食疗功能尚未被人认知，所以在相当长的时间内未能引起人们的注意。

现代品种的黄色胡萝卜来源于缺少花青素的变异品种，公元 10 世纪胡萝卜从伊朗传入欧洲大陆后，经驯化发展成短圆形黄橙色的欧洲生态型。17 世纪初期，欧洲农业科学家专门研究了黄橙色胡萝卜品种的发展，最终停止了紫色品种的生产。但在近东地区至今仍流行种植紫色品种。

胡萝卜中含有大量的 β－胡萝卜素，β－胡萝卜素是类胡萝卜素之一，是一种橘黄色脂溶性化合物，它是自然界中最普遍存在也最稳定的天然色素。

β－胡萝卜素具有解毒作用，是维护人体健康不可缺少的营养素，在抗癌、预防心血管疾病、白内障及抗氧化上有显著功效。β－胡萝卜素是一种抗氧化剂，当其被人体摄入后，可以转化成维生素 A，是目前最安全的补充维生素 A 的产品。它可以维持眼睛和皮肤健康，改善夜盲症，并防止身体遭到自由基的破坏，从而预防各类慢性疾病。

一般来说，颜色愈深，胡萝卜素或铁盐含量愈高，红色的比黄色的高，黄色的又比白色的高。每 1000 克胡萝卜中含胡萝卜素 36 毫克以上。每天吃两根胡萝卜，可使人体血液中胆固醇降低 10%~20%，并对预防心脏疾病和肿瘤有奇效。

驴子和萝卜

钱钟书先生在其小说《围城》里记载了这样一则故事：说赶驴子的人，每逢驴子不肯走，抽鞭子也没有用，就把一串胡萝卜挂在驴子眼睛之前、唇吻之上，这笨驴子以为走前一步萝卜就能到嘴，于是一步再一步，继续向前。嘴愈要咬，脚愈会赶，不知不觉中又走了一站。到目的地时，它是否吃得到这串萝卜，就得看驴夫的心情了。

根甜菜

菜语

火热、浓情

根甜菜起源于地中海沿岸，其色如火，颜色鲜艳，故又被称为『火焰菜』。

其色如火的根甜菜

根甜菜又称红菜头、紫菜头等，由生长在地中海沿岸的一种名叫海甜菜根的野生植物演变而来。根甜菜叶呈长圆形或近三角形，浓绿或赤红色，叶柄与叶脉紫红色；肉质根呈紫红色的球形、卵形、扁圆形或纺锤形色。肉质根富含糖分和矿物质，并有花青素甙，颜色鲜艳，其色如火，又被人们形象地称为火焰菜。

公元前 4 世纪，古罗马人已食用叶甜菜，其后在食谱中又增加了根甜菜；14 世纪的英国人已开始栽培根甜菜；到了 1557 年，德国的一些资料上已有对根甜菜的描述。根甜菜是欧美国家的重要蔬菜，在中国和日本仅有少量栽培。

其名的由来

根甜菜起源于地中海沿岸，起初人们认为根甜菜是在明清时期从海道传人中国的，后来经史料证明，早在元代，根甜菜即已传入中国。

元人忽思慧在其所著《饮膳正要》一书“菜品”一节中已列有“出莙荙儿”的名目，该条末端还附有注释说：“‘出莙荙儿’

即‘莙荙根’也”。“莙荙”原是波斯语称谓的音译，“山莙荙儿”当是其所引入地域的波斯语称谓。《饮膳正要》问世于元文宗天历三年（公元 1330 年），由此可以断定：根甜菜引入我国的时间应不迟于 14 世纪初叶。

浓情火热罗宋汤

罗宋汤是起源于俄罗斯的一种浓菜汤，与我们一般的家常汤不同，其色泽红艳呈半液态。通常使用红色根甜菜、圆白菜、胡萝卜、洋葱等加上大块儿牛肉，调以番茄酱制成。其营养丰富，味香醇厚。“罗宋”这一名称据说是来自俄语的中文音译。在十月革命时，有大批俄国人辗转流落到了上海，他们带来了伏特加，也带来了俄式的西菜，上海第一家西菜餐厅就是俄国人开的。这道汤，就是从俄式红菜汤演变而来，并渐渐地形成了独具海派特色的酸中带甜、甜中飘香、肥而不腻、鲜滑爽口的罗宋汤。

罗宋汤中的根甜菜含有较多的糖分，能在肝脏内合成较多的肝糖原，有解毒保肝作用。根甜菜还含有特殊成分甜菜碱，能提供甲基制造胆碱，促进肝脏中脂肪的代谢，有预防脂肪肝和减少肝硬化发展的作用，对于治疗肝病有其独特功效。故根甜菜适宜人群有常出现头晕乏力、骨质疏松的人群，肝病患者和贫血人群也应该多食用根甜菜。

菜语

市井、亲和力

百年老店六必居的『酱疙瘩』以芥菜为原料，风味独特，深受老北京人的喜爱。

芥菜

“芥菜疙瘩”&“冲菜”

根用芥菜简称根芥菜，别名芥菜疙瘩、大头菜等，是芥菜种中以肉质根为产品的变种。根用芥菜起源小亚细亚和地中海沿岸，明代传入中国后,经长期演化而成。根用芥菜在明代王世懋的《学圃杂蔬》和李时珍的《本草纲目》中均有介绍。北方地区俗称根用芥菜为“芥菜疙瘩”，而南方地区多称为“大头菜”。

清代后期，广东各地常于秋冬季节在桑园种一季大头菜。每当农历九月采桑毕，人们便在桑树行间播种大头菜，至次年二月间桑叶萌动时采收供加工用。长成的大头菜重者可达10斤，因其植株的叶片簇生，有如冲天的长势，人们又俗称这种大头菜为“冲菜”。

根用芥菜自古以来多用于盐渍加工，具体加工方法各地不一，因而不少地方都形成了一些当地特有的产品，如老北京六必居的“酱疙瘩”、四川的“大头菜”和云南的“玫瑰大头菜”等。玫瑰大头菜是云南特产名品，创始于明末清初，曾在1911年巴拿马国际博览会上获奖。玫瑰大头菜色泽褐红，脆嫩滋润，回甜清香。它以云南本地生产的根用芥菜为原料，配以盐、红玫瑰糖、饴糖、老白酱等辅料腌制、日晒、再入池密封发酵而成。用玫瑰大头菜切丁与剁碎的青辣椒、剁肉一并炒食，便是深受昆明人喜爱的“炒三剁”。

芥菜的诗语禅意

叶用芥菜是一种极为普通的蔬菜，其虽普通却深为百姓喜爱，也多为诗人所吟咏。唐代诗人白居易写有：『青芥除黄叶，红姜带紫芽』的诗句；晚唐诗人钱起的『渊明遗爱处，山芥绿芳初。玩此春阴色，犹滋夜雨馀。隔溪烟叶小，覆石雪花舒。采采还相赠，瑶华信不如。』便借着对芥菜清秀本色的描绘，表现出一种淡泊出世的情怀。

明代诗人吴宽的《紫芥》则在淡然处透露了一丝禅意：『满目斑斓布地来，春风几见锦灰堆，菜根作苦终嫌咬，茗叶浮香为泼开。』弘一大师则作《春游》一诗以展情怀：『梨花淡白菜花黄，柳花委地芥花香，莺啼陌上人归去，花外疏钟送夕阳。』——芥花香风远播，展开了一片澄澈之心。纵是物转星移，人世沧桑，芥花金黄如故，一些粒微如粟粒的芥籽也可终成大用。

黎叶之美

花椰菜

花椰菜富含维生素C与硒，最显著的功效就是防癌抗癌，因此被称为蔬菜界的『抗癌明星』。

菜语 健康、防癌

以花命名的蔬菜

花椰菜别名花菜、菜花，是甘蓝种中以花球为产品的一个变种，由野生甘蓝演化而来，演化中心位于地中海东部沿岸。

1490 年热那亚人将花椰菜从塞浦路斯引入意大利，在那不勒斯湾周围地区种植；17 世纪花椰菜先后被传到德国、法国和英国；1822 年由英国传至印度，并于 19 世纪中叶传入中国南方。

近些年流行的青花菜是花椰菜的一个变种，又称茎椰菜、西兰花，俗称绿菜花、紫菜花等，是“普通甘蓝”的变种。一般来说，其演化中心也在地中海地区，但也有专家认为，青花菜起源于亚洲迈诺尔附近，后在意大利种植并且得到发展，最后引种到欧洲北部和不列颠群岛。故早期青花菜的名称有“意大利甘蓝”、“意大利花椰菜”、“意大利笋菜”、“意大利芥蓝”和“西西里紫花椰菜”等称谓。

青花菜营养非常丰富，含蛋白质、糖、脂肪、维生素和胡萝卜素，营养成分居同类蔬菜之首，在《时代》杂志曾推荐的十大健康食品中名列第四。青花菜一直是西餐中常用的配菜，近些年进入中国市场后，成为蔬菜新贵，受到人们的热捧。

一百年前引进的蔬菜

清光绪三十二年（公元1906年）在荷兰海牙曾举办过一届『万国农务赛会』，当时的清朝驻荷兰使节钱恂曾派人从中选购了4种『花椰菜』种子，其后连同其他种子一起寄回北京。钱恂在其报送『花菜种子』的公文中曾介绍说：『查花菜上海颇有种者，但荷兰此菜有名，当胜他种。』从此段公文中可以了解到：清光绪之前上海业已引种过『花菜』。再结合1959年出版的《上海蔬菜品种志》所称：『花椰菜在本市栽培已有70余年』等相关文字推算，中国上海自欧美引入『花椰菜』的时间不应迟于19世纪的70～80年代。这样推算，花椰菜在中国的栽培已有120多年历史。

白花菜、绿花菜、紫花菜

花椰菜与青花菜在早期名称相混，甚至瑞典植物分类学家林奈也曾将青花菜归入花椰菜内。直到公元 1829 年，青花莱才从花椰菜中被分出，成为一个独立的变种。

花椰菜与青花菜不仅颜色不同，其形成的器官也不同。“花椰菜”的食用器官是由肥大的主花茎、肉质的花梗群，以及绒球状花枝在顶端集合而成，形成的花球呈白色，结构十分紧密。青花菜的产品器官是由肉质的花茎、小花梗，以及花蕾共同组成的，花球形成较松散，外观呈绿色或紫色。

由于形状相近，只是颜色明显不同，消费者习惯地将花椰菜称为“白菜花”，将绿色的青花菜称为“绿菜花”，紫色的称为“紫菜花”。白菜花保护内脏，其所含多种营养素和类黄酮物质可作为超强的血管清理剂来减少心脏病与中风的发生；绿、紫菜花可滋润美容，对内脏和眼睛亦有很强的保护作用；此外，富含高纤维的绿菜花还能有效降低肠胃对葡萄糖的吸收，进而控制血糖。

研究证明，两种菜花的营养都很丰富，富含蛋白质、碳水化合物、纤维素、矿物质、胡萝卜素和维生素 A 等。但绿菜花在某些营养成分上又高于白菜花。每 100 克绿菜花中所含的胡萝卜素及维生素 A，均是白菜花的 200 多倍。

抗癌明星

花菜最显著的就是具有防癌抗癌的功效，尤其是绿菜花。花菜含维生素 C 较多，比大白菜、番茄、芹菜等健康蔬菜含量都高，尤其是在防治胃癌、乳腺癌方面效果尤佳。研究表明，患胃癌时人体血清中硒的水平明显下降，胃液中的维 C 浓度也显著低于正常人，而花菜不但能给人补充一定量的硒和维 C，同时也能供给丰富的胡萝卜素，起到阻止癌前病变细胞形成的作用，从而抑制癌细胞生长。

绿菜花中预防癌症最重要的成分是“萝卜硫素”，这种物质有提高致癌物解毒酶活性的作用，并能帮助癌变细胞修复为正常细胞。除了抗癌以外，青花菜还含有丰富的抗坏血酸，能增强肝脏的解毒能力，提高机体免疫力，而其中超高的类黄酮物质，则对高血压、心脏病有调节和预防的功效。同时，绿菜花属于高纤维蔬菜，能有效降低血糖。

故而绿菜花相比之下还是要胜出白花菜一筹，尤其是维生素 A 竟然高出 100 多倍，所以在日常的售卖中，价格也会略高。

球茎甘蓝

菜语

硬朗、力量

球茎甘蓝古称『擘蓝』，『擘』的本义为大拇指，有把物品用手掰开之意。

明末传入中国

球茎甘蓝别名苤蓝，是甘蓝类蔬菜，以其脆嫩的肉质球茎供人们食用。球茎甘蓝是甘蓝的变种，原产于地中海沿岸地区。球茎甘蓝按球茎皮色分绿、绿白和紫色 3 个类型，按生长期长短可分为早熟、中熟和晚熟 3 个类型。

球茎甘蓝古称『擘蓝』，其称谓著录初见于明代末年王象晋（公元 1561 ~ 1653 年）编撰的《群芳谱》和徐光启（公元 1562 ~ 1633 年）编撰的《农政全书》。鉴于这两部古农书巨著分别完成于明天启元年（公元 1621 年）和崇祯十二年（公元 1639 年），因此可以推断『球茎甘蓝』的引入时期不会迟于公元 16 世纪的明代晚期。

六必居的八宝酱菜

六必居酱园总店设在北京，相传创立自明朝中叶。挂在六必居店内的金字大匾，据说是明朝大学士严嵩所题写的。六必居原是山西临汾西杜村人赵存仁、赵存义和赵存礼三兄弟于明嘉靖九年（公元 1530 年）所开办的小店铺，专卖柴米油盐。俗话说：“开门七件事：柴、米、油、盐、酱、醋、茶。”而赵氏兄弟的小店铺，因为不卖茶，就起名“六必居”。

八宝菜是六必居酱菜主要品种之一。因以八种菜果为主要原料而得名。其以苤蓝、黄瓜、藕片、豇豆、甘露和银苗为原料，并配以核桃仁、杏仁、花生仁和姜丝等辅料制成。六必居腌制的酱菜不但是当时京城许多家庭的必备小菜，也是如今国宴上必备的名小菜之一。据说日本前首相田中角荣首次访华时，就指定秘书购买六必居八宝酱菜带回日本。

关于六必居那块老匾，也可谓命运多舛，它曾差点被 1900 年“庚子事变”那一年义和团的大火给烧了，是一个姓张的伙计带头冲进火中，救出了老匾；在“文革”中，这块匾额又被破四旧摘除了，六必居也被改名为宣武酱菜厂门市部。直至 1972 年，日本首相田中角荣来我国访问，向周恩来总理提起了北京的六必居，问还有没有？周总理肯定地说：“有。”而后总理为此专门批示：“把六必居的老匾挂出来。”这块历经沧桑的金字匾才得以重见天日。

从“擘蓝”到“苤蓝”

球茎甘蓝古称“擘蓝”，“擘”的本义为大拇指，有把物品用手掰开的意思。但在清代，无论是官方编纂的《大清会典》、内务府掌关防处登记的《菜蔬清册》、还是吴振棫撰写的《养吉斋丛录》，从这些相关的文献、档案和笔记资料中都可以发现：“擘蓝”是以“苤蓝”的名义正式进入宫廷的。

在清代宫廷内部，不但从帝后到宫女大都爱吃“苤蓝”，而且还有人在宫内种植“苤蓝”。据《养吉斋丛录》介绍，乾隆年间，宫内有一棵盆栽的“苤蓝”，一直存活了 20 多年。

富含维生素的蔬菜

球茎甘蓝是介于大头菜和包心菜之间的蔬菜，以膨大的肉质球茎和嫩叶为食用部位，球茎脆嫩、清香爽口，适宜凉拌鲜食；其嫩叶营养丰富，含钙量很高，并具有消食积、去痰等保健功能，适宜凉拌、炒食和做汤。球茎甘蓝的维生素 C 含量极高，一杯煮熟的甘蓝含有“每日建议摄取维生素 C 量”的 1.5 倍，尤其是鲜品榨汁服用，能促进胃与十二指肠溃疡的愈合，对胃病有很好的疗效。球茎甘蓝还含有丰富的维生素 E，有增强人体免疫力的功能，其含量已超过“每日建议摄取维生素 E 量”的 10%。

芥蓝

菜语智慧

在《现代汉语词典》中，「芥」字有两个读音，读「jiè」时指「芥菜」；而「芥蓝」应读成「gài lan」。

芥蓝“芥”字如何读

芥蓝别名白花芥蓝，是中国的特产蔬菜，以其肥嫩的花薹和嫩叶供食用。芥蓝起源于中国南部，至少在公元 7 世纪时，芥蓝就已在我国南方广泛种植。公元 13 ~ 14 世纪的金元时期，芥蓝又成为我国北方一些地区夏季的主要蔬菜。现在芥蓝的栽种区域主要分布在广东、广西、福建和台湾等省。日本与东南亚各国先后由中国引入芥蓝品种，因深受当地百姓青睐，目前在各国也有广泛的种植。

芥蓝“芥”字如何读？相信很多人都有误解，《现代汉语词典》中可查到：“芥”有两个读音，读“jie”时指“芥菜”；而“芥蓝”应读成“gai lan”。对于原产于中国的蔬菜，千万不要读错了。

“白花芥蓝”与“黄花芥蓝”

公元 11 世纪的芥蓝有白花和黄花两种，分别称为“白花芥蓝”和“黄花芥蓝”。在遗传学领域研究中，芥蓝的白色花属显性性状，据专家所说，白花芥蓝应是由黄花芥蓝经过基因突变选育而成的。白花芥蓝的分枝较少、品质最为柔软甘美，孙中山先生生前就很喜欢食用白花芥蓝。芥蓝深受国人喜爱，历代均被视为美蔬。北宋诗人苏轼（公元 1036 ~ 1101 年）在《雨

后行菜圃》一诗中还对其甘辛、鲜美的品味留下过“芥蓝如菌蕈，脆美牙颊响”的赞誉。

“芥蓝”又称“隔蓝”

六祖慧能大师（公元638 ~ 713年），俗姓卢氏，唐代岭南新州（今广东新兴县）人。他是佛教禅宗祖师，得黄梅五祖弘忍传授衣钵，继承东山法门，为禅宗第六祖，世称禅宗六祖。他还被唐中宗追谥大鉴禅师，著有六祖《坛经》流传于世，是中国历史上有重大影响的佛教高僧之一。

清代吴震方著《岭南杂记》载：六祖慧能法师三岁丧父，家境贫寒，稍长以伐薪卖柴为生。慧能法师食素，为了奉养老母，他便在做饭的锅里用“芥蓝”把荤腥和野蔬分开，自己只吃素食。因此“芥蓝”又有了“隔蓝”的异称。

芥蓝含有丰富的维生素C和胡萝卜素，还含有钙、镁、磷、钾等多种矿物质，是甘蓝类蔬菜中营养比较丰富的一种。芥蓝中含有硫代葡萄糖苷的降解产物——萝卜硫素，具有抗癌功能，经常食用还有降低胆固醇、软化血管和预防心脏病的功能。芥蓝含的有机碱，使它本身带有一定的苦味，能刺激人的味觉神经，增进食欲，其含有的大量膳食纤维，可加快胃肠蠕动，有助消化，防止便秘。

大白菜

齐白石先生一世喜爱画白菜，他曾发问：『牡丹为花中之王，荔枝为百果之先，独不论白菜为蔬中之王，何也？』

菜语

百才

中国白菜

大白菜原产中国，古代称为“黄芽菜”，其栽培历史远晚于芜菁。《诗经》中只有对“葑”的记载，即芜菁、萝卜和芥菜三者总称的记载。直到唐代编著的《新修本草》中才提到不结球的散叶白菜，称为“牛肚菘”。到清康熙二十四年（1685年），张吉午等人纂修的《顺天府志》中才有关于类似大白菜性状及栽培方法的记载。之后，大白菜在中国的河南、河北、山东等地普遍栽培，并迅速向全国各地发展。清人吴其浚撰写的《植物名实图考》中，对大白菜的特点已有详细的描述和绘图。

清代后期，经广大菜农的精心培育，南北各地相继出现了一些不同的品种。有一些品种，如核桃纹、青麻叶、黄京白等至今仍有栽培，而“黄芽菜”这一名称已降为大白菜的一个品种。

19世纪70年代，大白菜传入日本。19世纪后期，东南亚、欧美等一些国家也先后引种，中国的大白菜开始走向世界。为尊重这一事实，大白菜的英文名称便被定为Chinese cabbage。

旧时记忆：冬储大白菜

上个世纪60年代，北方冬天的蔬菜主要以大白菜、土豆和萝卜为主。一棵大白菜能由里吃到外，从立冬吃到春分。整个冬季，没有其他任何一种蔬菜能够像大白菜一样在北方人的生活里不可替代，人们亲切地把餐桌上的大白菜叫做“当家菜”。

一到立冬，全家人都要排队去买大白菜。副食店将白菜按质量分成三等，其中一类菜价格最高，起初是2分钱一斤，后来涨到3分。三类菜最差，菜帮多菜心少，1分钱一斤。白菜凭副食本按人口限量供应，一类、二类、三类菜要搭配销售。买回的菜堆在院子里、窗台上，到处都是白菜，景象十分壮观。

在计划经济年代，冬储大白菜是政治任务。当年任天津市市长的李瑞环就曾亲自参加冬储大白菜的销售，受到百姓的好评，并传为美谈。

冬储大白菜，在中国北方演变出了炖、炒、腌、拌各种烧法。在更加寒冷的北方还有另外几种冬季储存白菜的方法，如东北东部的朝鲜族腌制辣白菜，在东北西部及河北北部则习惯用渍酸菜的方法等储存大白菜。

白菜、白菜，意为百才

白菜的谐音为『百才』。『才』在甲骨文字形中，上面一横表示土地，下面象征草木的茎刚出土、其枝叶尚未出土的样子，本义为草木初生。人有才便称为人才。『百才』则有百种之才，人有百种之才，则为人中佼佼者矣。故齐白石先生一世喜爱画白菜，并题有：『牡丹为花中之王，荔枝为百果之先，独不论白菜为蔬中之王，何也？』民间也有：『诸肉不如猪肉香，百菜不如白菜好』的谚语，将白菜推为百菜之首。

『蜈蚣白菜』

白菜有千种做法，而『蜈蚣白菜』则刀工精巧，构思奇妙。选取菜帮较大的白菜，切去菜叶部分，把菜帮切成2寸长的条形。斜刀30°、刀锋入菜帮2/3深，不断刀。沿长度方向将白菜帮切成细丝，泡入水中。白菜吸水后，自然卷曲呈蜈蚣状，捞出沥干水分，糖醋拌之。此菜选材普通，口感清脆。不知其做法的人，无不对其刀工赞叹有加。

小白菜

河北民歌《小白菜》以清末四大奇案之杨乃武案为背景，舒缓的曲调展示出一幅弱不禁风小女孩的形象。

菜语 弱小、向善

小白菜＆小棵白菜

小白菜又被叫做青菜、白菜等，其品种众多、形态多样。常见的小白菜叶片为长圆形，呈浅绿或深绿色；叶柄肥厚，呈白、绿白或嫩绿色。

小白菜是白菜别名，但绝不是小棵的大白菜。古人比照凌冬不凋的松树，将其称为“菘”，古书上也有写“菘”指的是白菜，而大白菜则是在白菜的品种上培育而成的，从亲缘关系上看，小白菜应是大白菜的长辈。两者最大的区别便是，大白菜长成后抱心结球，小白菜品种则不会抱心结球。

北方人多将小白菜称为“油菜”，南方人习惯将小白菜叫做“青菜”、“鸡毛菜”等，其实小白菜、油菜、青菜、鸡毛菜说的是同一种菜，只不过叶片、茎状大小不同罢了。

小白菜的食用方法较多，可炒、烧、炝、扒，也可做配料，如“蘑菇青菜”、“香菇菜心”等。食用小白菜时要现做现切，并用旺火爆炒，这样既可保持鲜脆，又可使其营养成分不被破坏。剩余的熟菜过夜后就不要再吃，以免造成亚硝酸盐沉积，从而引发癌症。

张相公崧

张说为唐朝的政治家、军事家、文学家。其早年参加制科考试，策论为天下第一，历任太子校书、左补阙、右史等职，并参与编修《三教珠英》，因不肯诬陷魏元忠，被流放钦州。后来，张说返回朝中，任兵部员外郎，累迁工部、兵部侍郎、中书侍郎，加弘文馆学士等职。长安三年（公元 703 年），张易之与张昌宗诬陷宰相魏元忠谋反，并让张说作证。张说在武则天面前，不但没作伪证，反而揭露张易之逼他诬陷魏元忠的真相。魏元忠因此得以免死，而张说却因忤旨被贬谪岭南。

据说，张说曾将“菘菜（即小白菜）”种子带到韶州（今广东韶关），后人为纪念张说，特地将“菘菜”称为“张相公崧”。

宋代的进士林洪对园林、饮食颇有研究。著有《山家清供》二卷，论述了闽菜的历史源流，是我国宝贵的烹饪文化遗产。在《山家清供》一书中载有：“文惠太子问周颙曰：何菜为最？颙曰：春初早韭，秋末晚菘。然菘有三种，惟白于玉者甚松脆，如色稍青者，绝无风味，因名其白者曰松玉，亦欲世之食者有所抉择也。”

其实南方古代文献中屡次提到的菘菜，外形虽很像普通的小白菜，却是小白菜的一个油用变种，其株型中等，分枝性强，苗一般半直立或成直立状，较小白菜略为宽大。

菜语

吉祥、如意

乌塌菜的叶片如金钱，植株葱绿而富生气，以遂四季顺利、吉祥如意之心愿。

白菜的表兄弟

乌塌菜别名瓢儿菜、塌棵菜、黑菜等，英名采用中文音译为Wuta-cai，由此可见此菜原产中国，并在宋代的有关文献中已有记载。

乌塌菜主要分布在中国长江流域，由于江淮之间冬季气温较低，白菜也难以露地越冬，苏州一带在南宋时成功培育了一种塌地型白菜，由于叶片塌地生长，在低温季节的夜间地面散热，叶丛附近温度较高，能减轻低温危害；乌塌菜叶片中叶绿素含量较高，在日间温度较低时也能维持较强的光合作用而缓慢生长。

明朝中叶以后，乌塌菜传到皖东，被称为“乌青菜”。到清代，安徽省不少地方都有栽培，名有“乌白菜”、“乌菜”、“乌崧菜”或“黑白菜”等。由于这种叶色深绿的塌地型白菜在江淮之间可以露地越冬，深受当地群众的欢迎，故而栽培较多。在那一带经过相当时间的定向培育，到清代后期已形成不同的品种。

乌塌菜是白菜在南方的一个变种，从亲缘关系上说乌塌菜应是白菜的表兄弟，但乌塌菜的颜色是极其深重的绿色，说明它比白菜更加有营养。乌塌菜口感柔嫩、营养丰富，富含膳食纤维，热卡含量又很低，是女性减肥的理想蔬食。

春意盎然“瓢儿菜”

“诗书画三绝”的郑板桥常常将一些菜蔬写进他的诗句中，读来清新质朴，情趣盎然，很自然地让人心中涌上一种回归田园的清芬与疏旷之感。他的一副对联：一庭春雨瓢儿菜，满架秋风扁豆花。平平淡淡的句子，却一下子就能让人看到春雨过后、绿意盈人的瓢儿菜在那里茁壮成长，那么生机勃勃，那么郁郁葱葱。

乌塌菜主要类型有塌地类型和半塌地类型两种。代表品种有常州乌塌菜、南京瓢儿菜、其中宝应“黑桃乌”为乌塌菜品种之最，又名“菊花心”。

“黑桃乌”是乌塌菜中最为优良的品种，尤其是霜雪过后，色、香、味极佳，尝过宝应“黑桃乌”的外地人均赞不绝口。宋代田园诗人范成大有诗咏“黑桃乌”：拨雪挑来黑桃乌，味如蜜藕更肥浓，朱门肉食无风味，只作寻常菜把供。诗人钟情于“黑桃乌”，诗中也处处尽然食过“黑桃乌”之后，朱门肉食也再无他味了。

每年春节期间，宝应火车站前都有一道独特的风景线，在宝应工作或者是宝应人外出和亲人团聚的，都要大包、小包地带上成捆的“黑桃乌”，而不管价格多高、旅途多辛苦，在寒冬腊月，宝应在外地打工者均以给老板带上几斤“黑桃乌”为荣，给亲朋好友捎上“黑桃乌”为最好的礼物，人们习惯地将“黑桃乌”视为吉祥蔬菜，象征美好、太平。

经霜过雪味更甜

乌塌菜在春节前后收获，以经霜雪后味甜鲜美而著称。乌塌菜的叶片肥嫩，营养丰富，每100克鲜叶中含维生素C高达70毫克，钙180毫克及铁、磷、镁等矿物质，被称为『维生素』菜而备受人们青睐。中医认为：『乌塌菜甘、平、无毒。』能『滑肠、疏肝、利五脏』。常吃乌塌菜可防止便秘，增强人体防病抗病能力，泽肤健美。

乌塌菜可炒食，如素炒乌塌菜、豆干炒乌塌菜、肉丝炒乌塌菜；可作汤，如蛋花乌塌菜汤、鱼片乌塌菜汤等。在烹饪乌塌菜时，以保持原味，不加佐料味道更为鲜美，色泽更为美观。

菜薹

菜语

激情、孝心

清代《汉阳县志》中载洪山紫菜苔『味尤佳，他处皆不及』。三国时吴国太喜爱菜苔，孙权每年自武昌运至建陛，故洪山菜苔又被称之为『孝子菜』。

菜薹与菜心

菜薹起源于中国，又称“薹用白菜”。因以抽薹的嫩花茎和“花器”供食，故名“菜薹”。

菜薹由白菜易抽薹的品种经长期选择和栽培驯化而来。在南宋时培育成功的菜薹，当时主要以花茎薹心入蔬；至明代发展成蔬油兼用作物，春初取花茎入蔬，称为“薹心菜”；夏初收籽榨油，更名“油菜”。

薹心菜发展到其他地区后，由于自然环境和人们习尚的不同而发生了变化。有的地方以油用为主，较少采食花茎。而广东、广西等地则不采籽榨油，专以花茎入蔬。经过定向培育成为中国的特产蔬菜“菜心”。广东人在开始时，仍沿用薹心菜这个名称，后来才产生当地的地方名称——“菜心”。“菜心”一名首次见于道光二十一年（公元 1841 年）的广东《新会县志》。

洪山菜薹为紫菜薹的珍稀品种，俗称“大股子”，因其原产于湖北省武汉市洪山区一带而得名。洪山地处于丘陵地带，有九岭十八凹，土质为红壤和黄壤土，避风向阳，又有泉水浇灌，冬春之际，气候温和，最宜紫菜薹的生长。优质紫菜薹只产在洪山，若迁地移植，不仅颜色不同，口味也有差异。

洪山菜薹

作为国家地理标志保护产品必须具备五个条件，即特定的品种、独特的品质特性、特定的生产方式、独特的自然生态环境及人文历史文化。洪山菜薹具备上述五个条件，自 2005 年 12 月 31 日起国家对洪山菜薹实施地理标志产品保护。

在武汉，有一个悠久的传说，说是只有能听得见洪山宝通寺钟声的地域范围内，并且是特定土壤上长出来的菜薹，才是能够给皇帝进贡的贡品紫菜薹，发源地就是武昌亚贸广场背后的一块丘陵地，曾被封为“金殿玉菜”。公元 17 ~ 20 世纪初，清代的《武昌县志》、《汉阳县志》中有对洪山紫菜薹“味尤佳，它处皆不及”的记载。

20 世纪初的民国初年，黎元洪离开湖北，到北京任大总统时，每临冬天，必派专差到洪山来运紫菜薹。由于长途且大批运输，鲜菜被运到北京后，时间一久，便失去原有的色泽和鲜味，较之产地新鲜的嫩菜薹当然逊色不少，常使食者感到美中不足。于是有人出谋把洪山的泥土装上几火车皮运往北京试种，结果菜薹虽长出来了，但色不红紫、味不鲜美。试种失败后，人们更感到洪山菜薹之可贵，以后便不得不沿用老办法，用火车成批运转洪山菜薹到北京了。

孝子菜的故事

公元 221 年，割据江东的孙权自公安（今荆州下属县）迁往鄂（今武昌），取“武而昌”之义，改鄂为武昌。一日，孙权偕母亲吴国太等一行出城游玩，途经东山（今武汉洪山区），当地官员置酒相迎，席间杯盏交错，宾主尽兴。吴国太对一盘紫色菜肴赞不绝口，夸其甜脆清香，为它处所不及。自此以后，每逢洪山菜薹上市季节,孙权必派人来索取,以供吴国太食用。一年冬天，吴国太病重，不思茶饭，唯想一尝洪山菜薹，但是在宫中久不见当地官员送来。孙权大怒，亲赴洪山询问缘由。原来当年天寒地冻、大雪封山,菜薹根本没有抽薹。孙权盛怒之下,处罚当地官员，同时又连忙在山脚下建筑一棚，将部分菜薹转移至棚中，每日亲自照料，不出半月，棚中菜薹终于抽薹。孙权大喜，立即派人快马送回宫中，吴国太日日食用之后病情、心情均见好转。

公元 229 年，孙权迁都建业（今江苏南京）。临离开武昌时，孙权特地带了一些洪山菜薹的种子去建业，可是所种菜薹的味道总不如洪山产的好。为了满足老母亲的心愿，孙权派专人到洪山取了很多的土，用船运回去种菜薹，但效果亦不佳。孙权遂命当地官员每年将洪山菜薹运至建业，直到吴国太过世。孙权孝母供菜薹一事在洪山和建业均引为美谈，洪山菜薹因此又被世人称为“孝子菜”。

菠菜

菜语

力量、勇气

北方苦寒今未已，雪底菠薐如铁甲；岂知吾蜀富冬蔬，霜叶露芽寒更茁。

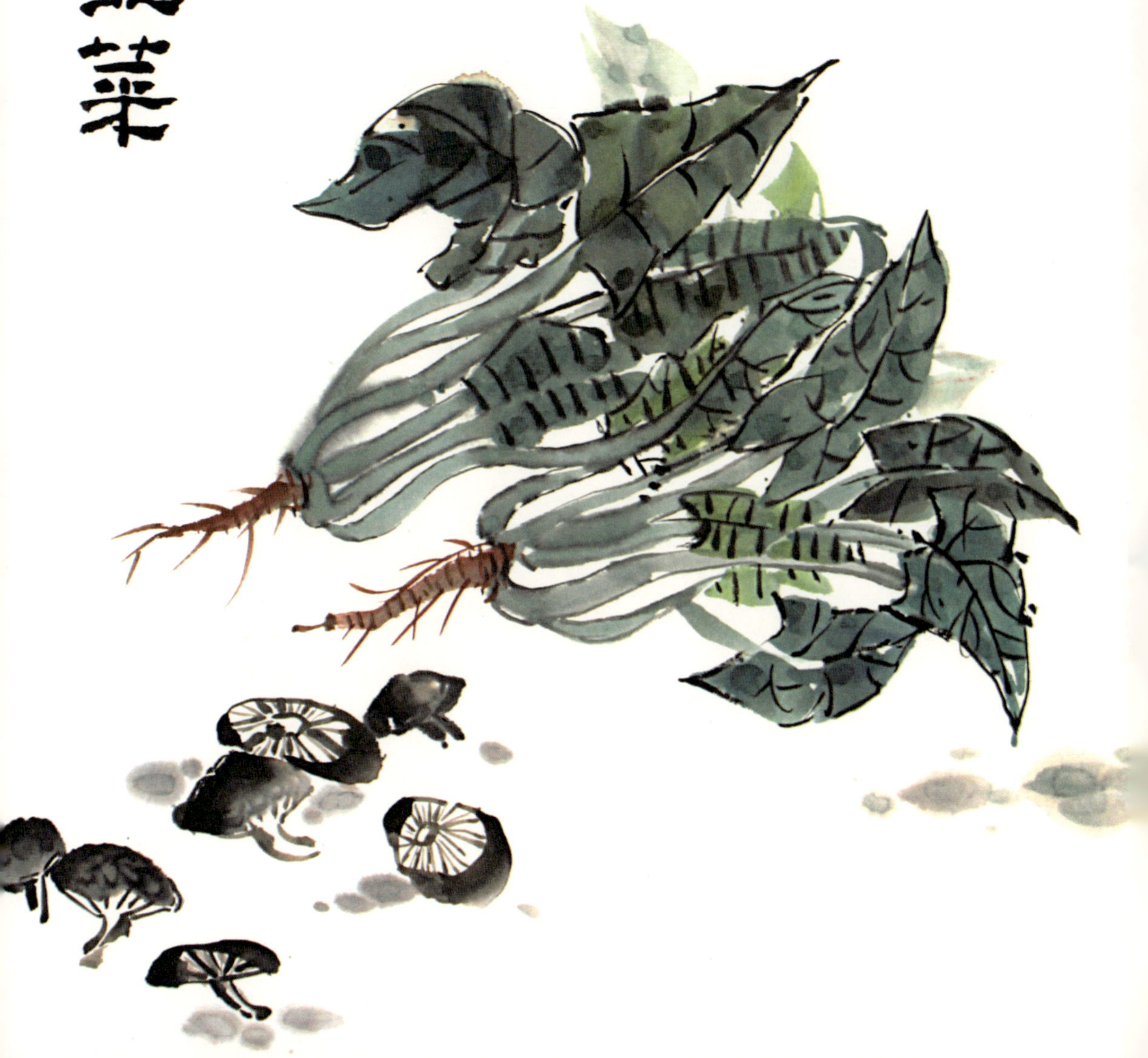

菠菜源于波斯

菠菜是两千多年前波斯人栽培的菜蔬，也叫做“波斯草”，在唐朝时由尼泊尔人带入中国。唐代贞观二十一年(公元641年)，尼泊尔国王那拉提波把菠菜从波斯贡来，作为一件贵重的礼物，派使臣送到长安，献给唐皇，从此菠菜便在中国安家落户了。当时中国称菠菜产地为西域菠薐国，这就是菠菜又被叫做“菠薐菜”的原因，后来大概因为“薐”字不便于书写，便被人们简化为:“菠菜”。

综合史料可知，菠菜是通过官方和民间等多种途径从中亚和南亚地区先后传入中国的。传入的时间最迟应不迟于公元7世纪的隋唐之际，至今在中国已有上千年的栽培历史。宋代大文人苏轼有诗颂:“北方苦寒今未已，雪底菠薐如铁甲;岂知吾蜀富冬蔬，霜叶露芽寒更茁。”从诗中可知，当时蜀中已广种菠菜，并能越冬露地生产。

菠菜绿叶红根，被人们形象地称为“红嘴绿鹦哥”。菠菜较多的叶绿素具有消炎的作用，其丰富的维生素含量能够防止口角炎、夜盲等症的发生。菠菜叶中含有一种类胰岛素样物质，其作用与胰岛素非常相似，能使血糖保持稳妥。菠菜还含有大量的抗氧化剂，具有抗衰老、促进细胞增值作用，既能激活大

脑功能，又可增强青春活力，有助于防止大脑的老化，预防老年痴呆症。

神奇的“菠菜法则”

报告（ほうこく）、联系（れんらく）、商量（そうだん）这3个词放在一起是日语中“菠菜”一词的读音，被称为“菠菜法则”。在日企文化中，一个非常重要的特点，便是“日常沟通”。它强调了三种沟通方式：一、及时报告：及时把工作进展、想法随时报告给上司，让上司知道你在做什么；二、及时联系：你要清楚和你平级的其他同事在做什么，或者你在做什么也要告诉他们，使大家知道彼此所做的事；三、及时商量：当你有困难的时候要去找上司或同事商量，就是借助他人智慧解决你的问题。

“菠菜法则”是我们的戏称，它的正式名称叫做“日本企业管理基本法则”。这是管理科学提出的一个概念，大意是：管理无论巨细，务求书面通达，先主后次、先急后缓，目的是提高沟通，从而解决大家的问题。日本人通过该法则将个人融于集体，寻求组织帮助，并以集体智慧解决困难，他们不否认个人出类拔萃，但更重视许多出色的个体汇集起来并迸发出的强大力量。

吃菠菜的大力水手

“菠菜含铁高”——许多人都会有这个概念。20 世纪 80 年代的经典动画片《大力水手》让全世界的人们都爱上了菠菜。每当大力水手吞下一罐菠菜后，就会变得力大无比、战无不胜。在该片问世后的 30 多年来，人们总是把菠菜作为补铁补气、强壮身体的代名词。

人们认为菠菜含铁高，其实是源于一位科学家的疏忽。德国化学家埃里希·冯·沃尔夫在研究菠菜的含铁量时，错将小数点后移了一位，让原本 100 克菠菜的 3.5 毫克含铁量增至 35 毫克。虽然后来沃尔夫意识到这个错误，试图传播其真相，但《大力水手》的流行热播，已经让菠菜含铁量高的概念深入人心，其地位在大众心中难以撼动。

然而，140 年前沃尔夫测量的原始文献和数据也实在是找不到了，纠正“小数点错误”的神秘德国科学家到底是谁，发表的文章是哪篇，人们也一无所知。所谓“菠菜富含铁”、“第一次检测菠菜铁含量的科学家点错了小数点”、“菠菜中的铁含量和其他蔬菜没差别”等言论也许都需要长期的科学印证才能得出精确结论吧。

芹菜

菜语

谦恭、文采

古时学子们在上京赴考前要到孔庙的泮池采些芹菜插在帽子上并进行祭拜，我们称为『采芹』。

本芹与西芹

芹菜别名芹、旱芹、药芹等，起源于欧洲南部和非洲北部的地中海沿岸。芹菜的原始种子野生于地中海沿岸的沙砾地带，据推测，古代欧洲南部已开始种植。在公元前 9 世纪荷马创作的古希腊史诗《奥德赛》中首次提到了这种植物。当时的希腊人把芹菜叶子当做月桂树叶用在婚、丧礼节的花环上，在古希腊时代，芹菜已被用作医药和香料，据说有预防中毒的效果。

芹菜在汉代由高加索传入中国，后经长期栽培驯化，被培育成叶柄细长、香味浓郁的中国芹菜。中国的地方品种多数株高在 60 厘米以上，有实心和空心两种，被称为“本芹”。

近数十年来，由欧美引入宽叶柄的西洋品种，被称作“西芹”，多作生食，西芹植株紧凑粗大，单株叶片数多、重量大，质地脆嫩，可分黄色、绿色与杂色种，在中国东南沿海各地正在迅速发展。

水芹与旱芹

水芹原产于中国和东南亚地区，以嫩叶和叶柄供食。在日本、朝鲜及亚洲等地都有栽培。

上古时期的先民们已开始采集食用。《诗经·鲁颂·泮水》有：

“思乐泮水，薄采其芹。”这是一首春秋时期为鲁禧公凯旋归来庆功的颂歌，人们唱道：“大家游乐泮水滨，我在池中采水芹。”鲁禧公在位的时间是从公元前 659 ~ 626 年，由此推断，“水芹”在中国已有 2600 多年的可靠历史。

李时珍在《本草纲目》中记载：“芹有水芹和旱芹，水芹生于江湖陂泽之涯，旱芹生平地。”我国古代文献上记载的“芹”，多为水芹。到明代，由于“旱芹”的引入，《本草纲目》中将“芹”作了 明确的划分。其后刊行于 1639 年的《农政全书》、成书于元皇庆二年（1313 年）的《王祯农书》及清代吴其浚所著《植物名实图考》中都分别已有“水芹”与“旱芹”的记载。

读书人别称“采芹人”

孔庙又称文庙、夫子庙，是祭祀中国古代伟大的思想家、教育家孔子的庙宇。遍布中国境内的孔庙庙前均设有水池，称为泮池，池上设有南北走向的石桥。泮池作为孔庙水池的特有型制和专用名称，具有特殊的文化寓意，它是儒家圣地曲阜泮水的象征，也是地方官学的标志。

古时学子们在上京赴考之前要到孔庙前的泮池采些芹菜插在帽子上到孔庙祭拜，称为“采芹”，因有这样一个典故，读书人又有“采芹人”之称。《红楼梦》第十七回“大观园试才题对额，荣

国府归省庆元宵”中,曹雪芹老先生便通过贾宝玉的嘴说出了“新涨绿添浣葛处，好云香护采芹人”的楹联。

“菜之美者，云梦之芹”

历史上赞美水芹的文字和诗句很多。《吕氏春秋》中有“菜之美者，云梦之芹”的美句，指的就是水芹。杜甫的:“盘剥白鸦谷口粟，饭煮青泥坊底芹”，苏轼的“西崦人家应最乐，煮芹烧笋饷春耕”及“鲜鲫银丝脍，香芹碧涧羹”都是对水芹菜的赞美。

据考证,《红楼梦》作者曹雪芹的号“雪芹”二字，便出自苏辙《同外孙文九新春五绝句》之一“佳人旋贴钗头胜，园父初挑雪底芹”之句。

名满中外的现代诗人徐志摩，也写有歌咏水芹的诗:“青青绿绿的叶，脆脆嫩嫩的茎；清清雅雅的态，亭亭玉立的女”，将水芹比喻为冰清玉洁的少女。

水芹味甘辛、性凉，入肺、胃二经，有清热解毒、宣肺利湿等功效，其嫩茎及叶柄质鲜嫩，清香爽口，可生拌或炒食。有一道珍馐美食叫做“雪底芹芽”，是用斑鸠和芹菜做成的。斑鸠体型似鸽，常栖于平原和山地的林间。其肉鲜嫩，爽滑味美，与水芹芽同炒，颜色鲜艳，衬以蛋清制成的“雪底”，三色分明，色、香、味、形俱佳。

「献芹」的典故

《列子·杨朱》中有一个故事，讲从前有个人在乡里的豪绅前大肆吹嘘芹菜如何好吃，豪绅尝了之后竟「蜇于口，惨于腹」。这个故事的含义即自己认为好的东西，别人不一定也认为好。后来人们常用「献芹」这个典故，谦称赠人的礼品菲薄或所提的建议浅陋。「献芹」也可说成「芹献」、「芹意」。「略表芹意」这句成语的意思就是：向对方表示感谢，但自己送的礼物或做的服务价值不大，只能稍微表示一点谢意。

唐代高适《自淇涉黄河途中》诗之九：「尚有献芹心，无因见明主」。诗圣杜甫在《槐叶冷淘》中写道：「献芹则小小，荐藻明区区」。宋代文人苏轼的《教坊致语》中也有「虽白雪阳春，莫致天颜之一笑；而献芹负日，各尽野人之寸心」。的句子，可见「献芹」这一典故早已深入历代文人之心。

茼蒿

茼蒿有蒿之清气、菊之甘香，在中国古代，茼蒿为宫廷佳肴，所以又被称为皇帝菜。

菜语 爽朗、谦顺

茼蒿古称皇帝菜

茼蒿是一种以嫩茎叶为食的叶类蔬菜，别名蓬蒿、春菊、蒿子杆儿，欧洲人常用于作花坛花卉。

茼蒿原产地中海，在中国已有1000多年的栽培历史。早在公元7世纪的唐代就有记载。“茼蒿”的称谓始见于唐代孙思邈的《备急千金要方》，在其“菜蔬”一类中已列有“茼蒿”的名录。成书于元朝皇庆二年（公元1313年）的《王祯农书》载有“同蒿者，叶绿而细，茎稍白，味甘脆。春二月种，可为常食。秋社前十日种，可为秋菜。”由此可见，在元代，茼蒿已被广为种植和食用。

茼蒿有蒿之清气、菊之甘香，在中国古代，茼蒿为宫廷佳肴，所以又叫皇帝菜。皇帝菜特指一种大叶茼蒿，其特色是即使经过曝晒，再用水浸泡过，口感依然爽脆可口。其营养成份无所不备，胡萝卜素含量极高，因此是专门献给皇帝食用的贡品。

北京人喜食的“蒿子杆儿”则是一种“小叶茼蒿”，又称花叶茼蒿或细叶茼蒿，小叶茼蒿叶细碎，叶缘锯齿状或有深浅不等的缺刻。经培育成嫩茎品种“蒿子杆儿”。“蒿子杆儿炒豆腐干”尤其是老北京最爱吃的一道菜，做法简单而营养丰富。只需将蒿子杆儿去叶切成截，豆腐干切成细条，先炝炒蒿子杆儿和红椒，后放入豆腐干调味。再转小火翻炒即可。

『杜甫菜』

诗圣杜甫一生写诗 1400 多首。他 35 岁之前读书并游历了大半个中国。天宝年间到长安，仕进无门，困顿了 10 年，才获得右卫率府胄曹参军的小职。安史之乱开始，他流亡颠沛，竟为叛军所俘；脱险后，授官左拾遗。乾元二年（公元 759 年），他弃官西行四川，定居成都。晚年举家东迁，途中留滞夔州二年，出峡后漂泊鄂、湘一带，贫病而卒。据传杜甫一生流离颠沛，疾病相袭。他在四川夔州时，肺病严重，眼花耳聋，生活无着。于是在 56 岁时抱病离开夔州，辗转到湖北公安。当地百姓敬重诗人，用茼蒿、腊肉、米粉做了一种菜给心力交瘁的杜甫食用。杜甫食后赞不绝口，为纪念他，当地的人们便称此食为『杜甫菜』。

苜蓿

菜语

清廉

薛令之在《自悼》诗中有『苜蓿』一词，成为形容清廉的熟典，为历代诗文家所用。

紫花苜蓿和黄花苜蓿

苜蓿菜为豆科植物，通常食用幼苗、嫩叶。苜蓿菜包括有两种蔬菜：紫花苜蓿和黄花苜蓿。紫花苜蓿又称紫苜蓿，黄花苜蓿即金花菜，又称南苜蓿、草头等。

紫花苜蓿原产于地中海沿岸地区。人类种植紫花苜蓿作为牲畜饲料比其他任何植物的时间都长。在有历史记载之前就可能在西南亚被种植过。紫花苜蓿在汉代经由丝绸之路的北道传入中国。据司马迁的《史记·大宛列传》(公元前 145 ~ 90 年)载：“(大宛国)马嗜苜蓿，汉使取其实，于是天子始种苜蓿。”大宛国即今日中亚地区乌兹别克斯坦国的费尔干纳盆地。

黄花苜蓿原产于印度，在汉代从南亚的克什米尔地区沿丝绸之路的南道传入中国。班固所著《汉书·西域传》(公元 32 ~ 92 年)载：“罽宾有‘苜蓿’，自武帝时始通罽宾。”“罽宾”古国的疆域包括今日的克什米尔地区及巴基斯坦的一部分，是沿丝绸之路南道的必经之地。

苜蓿是春季的应时野菜，嫩茎叶可食，营养价值很高，含有蛋白质、多种维生素、烟酸、烟碱酸、泛酸、叶绿素、酵素和丰富的矿物质。苜蓿是天然碱性食物，可帮助荤食者中和体内血液之酸性，达到酸碱平衡。

人们喜爱将苜蓿制作成菜肴食用。如上海的“生煸草头”、“汤酱草头”都是名菜。苜蓿在陕西也深受喜爱，陕西民谚有：“关中妇女有三爱：丈夫、棉花、苜蓿菜。”其中，杂花苜蓿和紫花苜蓿是陕西特产，“丹香苜蓿粉蒸肉”是当地的一道名菜，别有一番香趣野味。

幸运的四叶草

苜蓿每一片叶柄上一般只有三片叶子，只有稀有的品种才能找到四片叶子。据统计，大概十万株里才会有一株四叶草，十分罕见，所以四叶苜蓿被视为幸运的象征，别称幸运草。

关于“幸运的四叶草”这一传说由来已久，据传它是亚当、夏娃从伊甸园带到人间的礼物。它的每片叶子都有着不同的意义，当中包含了人生梦寐以求的四样东西：第一片叶子代表真爱，第二片叶子代表健康，第三片叶子代表名誉、第四片叶子代表财富。倘若同时拥有这些东西，那就是非常幸运的了。谁能找到幸运的四叶草，谁就能享有幸福。

大概一万株三叶草中只会有一株是四叶的，所以人们更多的是把四叶草的形象运用到日常装饰中，寄托美好的愿望。

“廉村”与“苜蓿盘”

距福建省福安市区西南 15 公里，有一个依山傍水的美丽村庄——廉村。这是全国唯一一个由皇帝敕名、纪念廉臣的村庄。

廉村原名石矶津，是“开闽第一进士”薛令之的故乡。唐神龙二年（公元 706 年）薛令之及第，后官至左补阙、东宫侍讲，辅佐太子李亨。当时宰相李林甫弄权，奸臣当道，忠臣遭难。薛令之题《自悼》诗于墙上曰：“朝日上团团，照见先生盘。盘中何所有？苜蓿长阑干。饭涩匙难绾，羹稀箸易宽。只可谋朝夕，何由度岁寒。”诉说清廉官吏由于奸臣排挤而生活清苦，以此表达对唐玄宗宠信李林甫的不满。

薛公《自悼》诗中的“苜蓿”一词，成为形容清廉的熟典，为历代诗文家所用，如苏轼就写过“久陪方丈曼陀雨，羞对先生苜蓿盘”；陆游留有“饭余扪腹吾真足，苜蓿何妨日满盘”的诗句；清代大学士纪晓岚以“词臣只是儒官长，已办三年苜蓿盘”婉拒地方官的名贵食品馈赠。

为嘉许薛令之的廉洁清正，唐肃宗李亨敕封薛令之的故乡为“廉村”，水为“廉水”，岭为“廉岭”。2009 年 1 月，廉村被评为全国历史文化名村。

菜语

乡野

竹外桃花三两枝，春江水暖鸭先知。
蒌蒿满地芦芽短，正是河豚欲上时。

蒌蒿

野菜美蔬

蒌蒿别名芦蒿、藜蒿、香艾、水蒿等，为菊科多年生草本植物。原产中国，多生于水边堤岸或沼泽中，野生种广泛分布于东北、华北及华中地区。

蒌蒿始见载于《诗经》(《周南·汉广》)“翘翘错薪，言刈其蒌。”其中的“蒌”即指蒌蒿。北魏贾思勰著《齐民要术》中有蒌蒿的食用记载。明朝开国皇帝明太祖朱元璋的第五个儿子朱橚著有《救荒本草》，书中说蒌蒿：“田野中处处有之，苗高二尺余，茎干似艾，具叶细长锯齿，叶掩茎而生。味微苦，性微温。”

蒌蒿以嫩茎供食用，其脆嫩、辛香、风味独特，是闻名遐迩的优良蔬菜。目前，江南地区栽培的主要品种有小叶青梗蒿、柳叶青梗蒿、小叶红梗蒿，其中以柳叶青梗蒿的品质最好。

蒌蒿本是野蔬，是平民贱物，现在成了新贵食材，菜价高过肉价，因为它让城市人在口味中重拾野趣，以唇舌而非行动亲炙自然。蒌蒿炒香干是南京的一道名菜，外地人来南京，均慕名点尝，南京人也以“蒌蒿只南京才有而自居。”其实产蒌蒿的地方多了去，但都没有南京人对待素菜的那份精细。南京人吃蒌蒿，一斤要掐掉八两，单剩下一段干干净净、清清脆脆的蒌蒿杆儿尖。炒香干也是“素”炒，除了一点油、盐，不加其他，要的就是那份自然清香，食后唇颊格外清爽。

《惠崇春江晓景》

诗人对蒌蒿多有吟咏，如黄庭坚的“蒌蒿芽甜草头辣”、陆游的“旧知石芥真尤物，晚得蒌蒿又一家”等，脍炙人口，久为传诵。其中最为有名的应是苏轼题画诗的代表作《惠崇春江晓景》：

竹外桃花三两枝，
春江水暖鸭先知。
蒌蒿满地芦芽短，
正是河豚欲上时。

《惠崇春江晚景》是元丰八年（公元1085年）苏轼逗留靖江期间，为惠崇所绘的鸭戏图而作的题画诗。《惠崇春江晚景》是宋朝著名画家惠崇名作，他能诗善画，特别是鹅、雁尤为拿手。画面展示了竹林外两三枝桃花初放，鸭子在水中游戏，它们最先察觉了初春江水的回暖。河滩上已经长满了蒌蒿，芦笋也开始抽芽了，而这恰是河豚从大海回归，将要逆江而上产卵的季节。

苏轼根据画意，妙笔生花，寥寥几笔，就勾勒出一幅生机勃勃的早春二月江南景象。

南京“野八珍”之一

江南人喜食蒌蒿，早在明代南京市民即已开始采食野生蒌蒿。南京八卦洲蒌蒿久负盛名，被南京人列为“野八珍”之一。《儒林外史》里讲，牛浦在南京的小客栈吃饭，菜色正是“一碟腊猪头肉，一碟蒌蒿炒豆腐干，一碗汤，一大碗饭”。

《红楼梦》第六十一回里小丫头莲花和柳家的吵架，道：“谁天天要你什么来，你说上这两车子话？前日春燕来说，晴雯姐姐要吃蒌蒿，你怎么忙得还问肉炒鸡炒？春燕说荤的不好，才另叫你炒个面筋儿，少搁油才好。”《儒林外史》的作者吴敬梓久居南京，曹雪芹祖籍在南京，可见二位均对蒌蒿极为熟悉，才写出如此生动的文字。

中国当代京派作家的代表人物汪曾祺是苏北高邮人，他在《大淖记事》中写道：“蒌蒿是生于水边的野草，粗如笔管，有节，生狭长的小叶，初生二寸来高，叫做‘蒌蒿薹子’，加肉炒食极清香。”后来他在《故乡的食物》中又写道：“我的小说注文中所说的“极清香”，很不具体。嗅觉和味觉是很难比方，无法具体的。我所谓“清香”，即食时如坐在河边闻到新涨的春水的气味。”

汪老先生对蒌蒿是极其熟悉的，他笔下形容的蒌蒿不但活生生地展现在读者面前，仿佛也让读者嗅到蒌蒿带来的春天的气息。

菜语

乡苦

清吴其浚撰《植物名实图考》中有：『苦菜铺地生叶，数十为簇，开黄花甚小，花罢为絮，所谓荼也。』这里所指的『苦菜』即『蒲公英』。

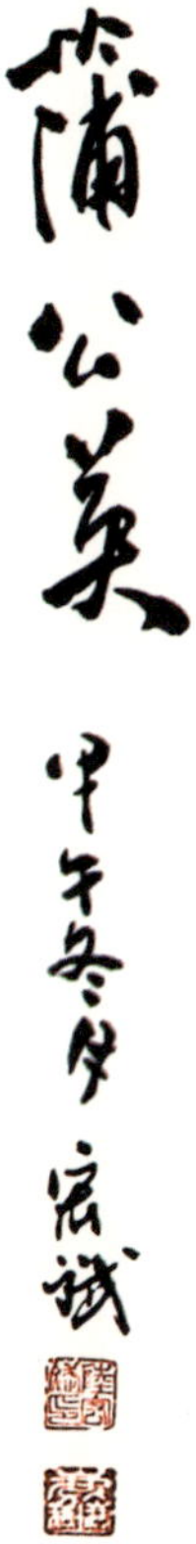

“苦菜”蒲公英

蒲公英别名黄花地丁、婆婆丁、黄花郎等，以嫩叶供食。蒲公英原产于中国内蒙古等地，其拉丁文学名“mongolicum”即有“蒙古”的含义。

蒲公英在唐代已有著录，唐高宗显庆四年（公元659年）苏敬等人编著的中国第一部官修药典《新修本草》已记载了“蒲公英”；宋代苏颂著《本草图经》等医药典籍中已有可供蔬食的记载；明代李时珍《本草纲目》正式将蒲公英列入“菜部”。

清吴其浚撰于19世纪的《植物名实图考》中有：“苦菜铺地生叶，数十为簇，开黄花甚小，花罢为絮，所谓荼也。根细有须，味极苦，北地野菜中之先苗者，亦采食之。”这里所指的“苦菜”即“蒲公英”。上世纪的传奇电影《苦菜花》有一句台词：“是蒲公英吗？怕自己身为农家子弟却连这都不懂。”据《植物学》上记载，蒲公英和苦菜同属菊科，蒲公英为蒲公英属，约有120多个品种，而苦菜更为复杂，有苦苣菜属、苦荬菜属等，把蒲公英称为苦菜的一种，是人们长期的习惯使然。

治好药圣伤痛的神药

唐代孙思邈著《千金方》，全称为《备急千金要方》，是古代汉族医学经典著作之一，被誉为中国最早的临床百科全书，约成书于唐永徽三年（公元 652 年）。该书集唐以前诊治经验之大成，对后世医家影响极大。

据《千金方》载：唐太宗贞观五年七月十五日（公元 631 年 8 月 17 日），有药圣之称的孙思邈左手不慎受伤感染，他用蒲公英捣碎后的汁液涂抹伤口，不日即痊愈。

蒲公英植物体中含有蒲公英醇、蒲公英素、胆碱、有机酸、菊糖等多种营养成分。其性味甘，微苦、寒。有利尿、缓泻、退黄疸、利胆等功效；对急性乳腺炎，淋巴腺炎，疔毒疮肿，急性结膜炎，感冒发热，急性扁桃体炎，急性支气管炎等症有一定的疗效。蒲公英可生吃、炒食、做汤，是药食兼用的植物。

几千年来，中国人一直采集野生蒲公英食用，食用方法也多种多样，已在民间形成了传统的方子。由于蒲公英的营养成分丰富，越来越被人们认识和接受，目前在一些大城市用蒲公英制作的佳肴已经摆上了大饭店的餐桌，受到人们的一致热捧。

罗勒药食两用味似茴香
芬芳四溢也可赏玩
甲午冬月 宏斌

香草小话

菜语

荣耀、光辉

在古代奥林匹克运动会上，人们会用香芹菜扎成花环，献给获胜的运动员以示荣誉。

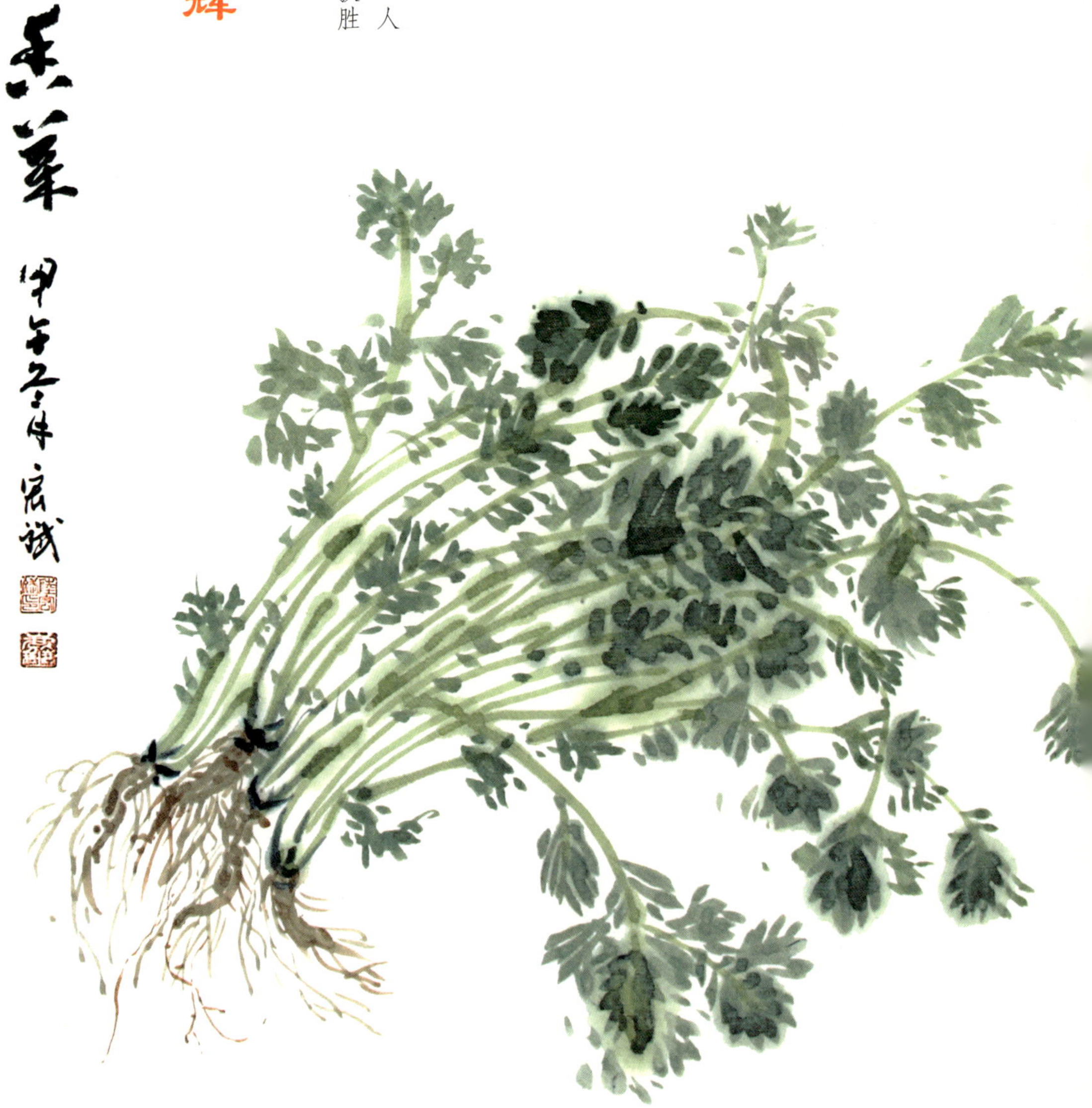

带着洋味的香芹菜

香芹菜，又被称为洋香菜，原产地中海沿岸地区，其嫩叶供人们作香辛蔬菜食用，还有法国香菜、荷兰芹、欧芹等别名。叶用香芹菜的叶呈浓绿色，形状像羽毛，叶缘有锯齿状卷曲，外观类似“芹菜”和“芫荽”，所以得名为“香芹菜”。

16 世纪，法国人奥利维尔·德·塞开始对香芹菜进行规范化栽培管理，有力地促进了香芹菜的生产与发展。美国的香芹菜是由英国人移居新大陆时带到美洲的，现已在美洲被广泛种植。

香芹菜传入中国是在 20 世纪初叶，引入后先后在北京的中央农事试验场和上海郊区试种，但种植面积一直不大。20 世纪 80 年代，伴随中国的改革开放，香芹菜栽培面积有所增加，现在国内沿海大城市郊区均有栽培。

人们日常见到香芹菜都是皱叶品种，而最初的香芹有光叶和皱叶两种，“皱叶”类型的叶片缺刻细裂、卷皱略呈鸡冠状，外观美丽。早期人们对香芹的品种并不了解，认为光叶和皱叶的区别仅在于栽培方法的不同，英国园丁甚至认为在播种前伤了种子，就能长出具有弯曲叶片的皱叶香芹。人们喜欢香芹的皱叶品种不仅是因其外观美丽，而是因为光叶品种与一种叫做“毒芹”的杂草相似，为了防止误食毒草，便干脆淘汰了光叶香芹。

香芹装饰与古奥运会

关于古代奥林匹克运动会的起源，流传最广的故事是佩洛普斯娶亲的故事。古希腊共和国伊利斯国王为了给自己的女儿挑选一个文武双全的驸马，提出应选者必须和自己比赛战车。在比赛中，先后有 13 名青年丧生于国王的长矛之下，而第 14 名青年正是宙斯的孙子和公主的心上人佩洛普斯。在爱情的鼓舞下，他勇敢地接受了国王的挑战，终于以智取胜。为了庆贺这一胜利，佩洛普斯与公主在奥林匹亚的宙斯庙前举行盛大的婚礼，会上安排了战车、角斗等项比赛，这就是最初的古奥运会，佩洛普斯成为了古奥运会传说中的创始人。

古代奥林匹克运动会用香芹菜扎成花环，献给获胜的运动员。随着时间的推移，人们逐渐开始习惯用香芹菜的叶片做香料，并用来装饰菜肴。

法式西餐极其重视装饰，用以增加菜肴的艺术性。香芹菜是法式西餐中不可缺少的装饰用蔬菜。在法式菜肴中，往往在主菜旁放上香芹菜，如鹅肝酱、黑椒牛排、焗蜗牛等主菜，盘中放上一片香芹菜做衬托，增加了菜肴的美感。

菜语

除秽、清凉

唐代孟诜著《食疗本草》载：「紫苏，除寒热，治冷气。」宋仁宗时，曾把「紫苏汤」定为翰林院夏季清凉饮料。

紫苏“史与话”

紫苏别名荏、赤苏、白苏，以嫩叶为食，俗称“苏子叶”。紫苏包括两个变种：皱叶紫苏，又名回回苏；尖叶紫苏，又名野生紫苏。作为蔬菜食用的是皱叶紫苏。

紫苏原产中国，在中国两千年前解释词义的专著《尔雅》中有：“苏，荏类也，故名荏桂，一名赤苏”。西汉扬雄撰《方言》（公元前 1 世纪）记有“苏之小者谓之穰菜。”东汉时期的《说文解字》中也说道：“从草，音稣”。北魏贾思勰著《齐民要术》中称“紫苏”为“荏”，并载有：“三月可种荏。园畔漫掷，便岁岁自生矣。”成书于元皇庆二年（公元 1313 年）的《王祯农书》记述为：“苏，茎方，叶圆而有尖，四周有齿。肥地者背面皆紫，瘠地者背紫面青。”表明古人对紫苏的性状、生长习性及栽培已十分了解。

紫苏还有许多色彩各异的品种。叶全绿的为白苏，叶全紫的或叶青背紫的才称为紫苏 。紫苏深受日本人欢迎，是日本料理中的代表性时蔬之一。日本紫苏的叶片两面均为绿色，即“青紫苏”，韩国的紫苏叶片则比日本青紫苏大、圆、更为平坦，而且锯齿较为细密；韩国人喜用紫苏制作泡菜，或搭配烤肉食用，越南人则习惯在炖菜中加入紫苏叶，或者将紫苏叶摆放在米粉上作为装饰。越南人使用的紫苏品种一面叶紫中带绿，与日本紫苏品种相比香气更浓。

华佗与紫苏

东汉末年，名医华佗在一家酒馆巧遇一群年轻人正在比赛吃螃蟹，蟹壳堆成了山。华佗便上前劝说他们：“吃多了会闹肚子。”但年轻人不但不听他的劝告，反而大吃不止。 当天，年轻人和华佗都投宿在这家酒店里。时值半夜，吃螃蟹的年轻人大喊肚子痛。当时还没有治疗腹胀痛的良药，忽而，华佗想起他在采药时，见到一只小水獭吞吃了一条鱼，肚子撑得像鼓一样，后来它爬到岸上，吃了些紫色的草叶，不久便没事了。华佗想，那种紫色的草叶能解鱼毒，一定也能解蟹毒。于是便出去采了些，煎汤给年轻人服下。过了一会儿，他们的肚子果然不痛了。华佗给这种草药取了个“紫舒”的名字，意思是服后能使腹部舒服，传至后人就把它称作谐音“紫苏”了。

后紫苏历来被用于药用，中医认为紫苏气味辛温、通心经、益脾胃，有散热和解暑之功效。唐代孟诜著《食疗本草》载：“紫苏，除寒热，治冷气。”宋代仁宗时，曾把“紫苏汤”定为翰林院夏季清凉饮料。在现代人的生活中，紫苏的用途在不断扩大，除少量用于食物外，紫苏主要被用于紫苏醛、紫苏醇等芳香物质的提取。

菜语

圣洁、悲恸

在古代欧洲，罗勒被视为一种神圣的植物，采撷罗勒必须经过一系列繁琐的礼仪。

罗勒
罗勒药食两用味似茴香
芬芳四溢也可赏玩
甲午冬月

罗勒名称的变迁

罗勒别名九层塔、零陵毛罗勒、兰香等，为药食两用芳香植物，味似茴香，全株小巧，叶色翠绿，芳香四溢。罗勒生长茂盛，喜欢温暖但不怕热，摆在家里的阳光照射之处，很是养眼。

罗勒在中国的栽培历史悠久，据传在北魏时期，罗勒的栽培、加工技术已十分成熟。贾思勰在《齐民要术》“種兰香”篇载有：“三月中，侯枣叶始生，乃种兰香。”并注有：“兰香者，罗勒也；中国为石勒讳，故改。”由此可知，罗勒改称兰香应在东晋十六国的后赵政权时期。

鉴于石勒控制范围仅在北方地区，在北魏到元代的1000多年之间，凡是由北方人主持编纂的农学典籍，如《齐民要术》、《农桑辑要》、《王祯·农书》等，都采用“兰香”为正名；而由南方人主持编着的《千金要方》、《嘉祐本草》、《正本全书》等，仍坚持以“罗勒”为正名。这一分歧直到明代李时珍编纂《本草纲目》时，才统一改为罗勒以正名。

罗勒的叶子及花朵经蒸馏后可以提取出透明无色的精油，香味很像丁香、松针的综合体。目前市面上可以见到的罗勒品种有甜罗勒、紫罗勒、绿罗勒、柠檬罗勒等，不同品种的罗勒因其独特香气又有不同的名称。

香草之王

在欧美，罗勒是一种常用的香辛调味蔬菜。

英语单词“basil”来自希腊语，意指“国王”。据牛津英语字典引述，推测罗勒可能被放于一些王室的药膏中、用作沐浴或药材。至今,很多烹调食谱的作者仍然认为罗勒是“药草的国王”。在古希腊、罗马时代，罗勒被奉为尊贵的“香草之王”，一些中南美国家亦把罗勒当成保平安的吉祥物，而印度人则认为罗勒是献给神明的珍贵祭品。可以说，世界各地都会有罗勒的一席之地，不愧其“香草之王”的称誉。

罗勒在西餐中也被称作调味品之王，作为香味蔬菜使用。罗勒新鲜的叶片和干叶用来调味，嫩茎叶可以用来做凉菜，也可炒食、做汤。在烹调鸡、鸭、鱼、肉等菜肴时，罗勒粉更是不可缺少的调味料。

罗勒精油常被用于制作软饮料、冰淇淋和糖果，其干叶或粉可用于烘烤食品及肉类制品的加香调味。另外，罗勒精油对女性有很好的呵护作用，可以刺激雌性激素分泌，改善月经不调，还可治疗偏头痛，滋养皮肤并缓解精神疲劳。

神圣的罗勒

罗勒是西餐中最常用的香草，除了味道特别，也是很好的神经补强剂，可帮助精神集中，让感觉变得敏锐。

在古代欧洲，罗勒被视为一种神圣的植物，采撷罗勒必须经过一系列繁琐的礼仪。药草学家必须也穿着洁净的衣物，并且远离所有不纯洁的人，否则，罗勒的神性就会荡然无存。

世界名著《十日谈》中有个关于罗勒的伤心故事：这个故事关乎爱情与死亡，一个男孩不幸死于非命。深爱他的女孩悲恸地将他埋在罗勒的根下。别人都夸赞罗勒的芬芳和繁密，只有女孩知道这是用爱人的血肉滋养的罗勒，开得如此茂密，带着泪水与清香……这个关于爱情与死亡故事，表达了人们对罗勒的尊崇。

在印度法庭上发誓的时候，必须以它为盟，印度人佩戴的罗勒叶片也被认定为避邪，即便是现在，在印度某些小地区，人们在参加祭奠前依然会嚼食罗勒，用以获得『天启』。

菜语

温柔、平静

在西方，莳萝被认为是在受到极度惊吓后，可有助于走出阴霾的神奇香草。

莳萝

莳萝来自波斯

莳萝别名小茴香、土茴香、洋茴香等，全株具芳香气味，嫩叶可炒食或作调味品。莳萝原产地中海沿岸至印度。其栽培历史可追溯至公元前 400 年，《旧约圣经》中已有莳萝的栽培记载。埃及人在很早以前就食用莳萝，并将之作为防腐剂及药用植物。莳萝的称谓可能来自古印度的梵文或中古波斯文的音译。

据中国前蜀（公元 907 ～ 925 年）的波斯裔药物学家李珣介绍，莳萝是经波斯从海上丝绸之路传入中国南方地区的，传入时期应不迟于公元 3 世纪的晋代。其最早著录可见晋代古籍《广州记》：“‘莳萝’生波斯国。”当时的莳萝以果实作药材用，而其后苏颂（公元 1020 ～ 1101 年）曰：“莳萝今岭南及近道皆有之，今人多用和五味，不闻入药用。”明清以后，莳萝便被列入蔬菜范围。李时珍在《本草纲目》中，已将“莳萝”从草部移至菜部。

莳萝香气近似于香芹，而比香芹更强烈一些。味道辛香甘甜之外，有点清凉味，但温和而不刺激。莳萝可助消化、缓解肠胃胀气、胃痛和失眠。医疗上如遇肠胃不适、口臭及糖尿病等症均有疗效，哺乳中之产妇经常食用可增加乳汁分泌。莳萝适宜用于鱼类、海鲜、蔬菜、调味酱等。叶子切碎放入汤、生菜沙拉及海产品中，可提升鲜味。最常见的用法是撒在鱼类冷盘及烟熏鲑鱼上，以去腥或做盘饰。

小说《莳萝泡菜》

凯瑟琳·曼斯菲尔德是世界近代文学史上享有“短篇小说大师”称号的一位女作家。曼斯菲尔德曾先后出过五部短篇小说集，分别是《在一个德国公寓里》、《幸福》、《园会》，以及在其身后出版的《鸽巢》和《孩子气的事情》。此外，她还写有许多文学评论，被收在《论小说与小说家》一书中。

小说《莳萝泡菜（A Dill Pickle）》写于1917年，讲述了一对分手的旧情人六年后在一间咖啡馆不期而遇，忆起当年旧情，最后无果而别的故事。小说感情细腻，文字隽永，被选入大学英语课本。

1923年1月9日，常年罹患肺结核的凯瑟琳·曼斯菲尔德逝世，年仅35岁。在凯瑟琳的世界里，死亡是静穆、安逸，甚至是美丽的。她临终前的最后的一句话是：“我喜爱雨，我想要感到它们落到脸上的感觉。”在她去世的半年前，中国诗人徐志摩和她见过一面，此后，徐志摩写下了一首有名的诗歌《哀曼殊斐儿》。

古老的香料蔬菜

5000 年前的埃及人首次得知莳萝这种植物，他们将莳萝和芫荽混合，以治疗头痛。希腊人和罗马人也很爱用莳萝，有些人相信它就是圣经里所说的“洋茴香”，在巴勒斯坦地区，人们也大量地栽种莳萝。

莳萝的英文名 dill 源自古语 dilla 一字，其意为“平静、消除”之意。冰岛文中莳萝意为“安抚孩童”，哄婴儿入睡，大概是指莳萝可用来放松以助安眠。莳萝在中世纪时，已是一种非常普遍的植物，当时的人们相信它是可以用来对抗巫术的符咒，而且也喜欢把它加在春药当中以迷性情。公元 812 年，法兰克王国的君主查理曼大帝，曾下旨在全国广栽此物。

西方各国一直认为，莳萝在惊吓和极度紧张后可派上用场，有助于走出笼罩心灵的阴霾，带来轻松的感受。在芳香疗法中的精神治疗方面，莳萝精油可使人们从受打击的情绪中解脱出来，在有重大决定的时刻时使用效果也很好。它还具有收缩的特质，可以促进人身的伤口愈合。

薯芋杂谈

土豆

印第安人认为，马铃薯是有灵魂的，他们尊称马铃薯为『丰收之神』。如果哪年收成不好，他们就会认为是触犯了『马铃薯神』。

菜语

朴实、丰收

菜粮兼用的马铃薯

马铃薯别名土豆、山药蛋、洋芋、荷兰薯等，在不同地区有明显不同的食用方法。欧美一些国家多用作主食，中国东北、西北及西南高山地区则菜粮兼用，华北及江淮流域则多作蔬菜食用。

马铃薯起源于秘鲁和玻利维亚的安第斯山区。在新石器时代，马铃薯已在秘鲁沿海河谷流域的绿洲中种植，其栽植地区北到安卡什省的卡斯玛流域，南及伊卡省南部的沿海城市皮斯科之间。最古老的马铃薯化石是从海拔 2800 米的安卡什省高原奇尔卡峡谷的洞穴中被发现的，经碳 14 测定距今约为 10000 年。这表明人类在晚生新代冰河后期就已经开始驯化马铃薯了。

1536 年，继哥伦布接踵到达新大陆的西班牙探险队员在秘鲁的苏洛科达村附近最先发现了马铃薯。卡斯特亚诺在他编撰的《格兰那达新王国史》中对此有所记载。书中说："我们到达那里发现，印第安人种植了一种奇怪的植物。"接着形容到："（这些植物）开着淡紫色的花，茎部结球，含有很多淀粉，味道极好。"马铃薯被印第安人称为"生长之母"，他们将收获的马铃薯块茎放入山溪清洗，然后晒干，制成越冬的主要食物——"土达"。印第安人认为，马铃薯是有灵魂的，并尊称马铃薯为"丰收之神"。如果哪年收成不好，他们就会认为是触犯了"马铃薯神"，必须举行一次盛大的祭祀仪式，祈求神的保佑和丰收。

马铃薯的“全球传播”

马铃薯引进欧洲有两条路线：一路是1551年西班牙人瓦尔德维尔把马铃薯块茎带至西班牙，并向国王卡尔五世报告这种珍奇植物的食用方法。但直至1570年西班牙才引进马铃薯并在其南部地区种植。西班牙人引进马铃薯后，迅速将它传播到欧洲大部分国家及亚洲一些地区。

另一路是经英国传入的。1565年英国人哈根从智利把马铃薯带至爱尔兰，1586年，马铃薯又被英国航海家特莱克从西印度群岛向爱尔兰大量引进。之后马铃薯遍植英伦三岛。英国人引进的马铃薯后来传播到苏格兰、威尔士及北欧诸国，又引种至大不列颠王国所属的殖民地及北美洲。

马铃薯进入美国，与大名鼎鼎的科学家本杰明·富兰克林相关。他在法国任美国大使期间，参加过一次宴会，赏鉴了马铃薯20种不同的做法，从而盛赞马铃薯是最好的蔬菜，这才使得马铃薯在美国得以流行。1802年，托马斯·杰弗逊总统在白宫用炸薯条招待客人，自此炸薯条进入美国。这之后，炸薯条便迅速成为美国人最普遍的烹饪方式了。

马铃薯在中国

马铃薯传入中国的时间应为明嘉靖年间（公元 152 ~ 1567 年）。明朝人蒋一癸在《长安客话》中对北京种植的马铃薯描述说："土豆，绝似吴中落花生及香芋，亦似芋。"《长安客话》所记述的为明代中叶北京城郊的史迹，时间约在 1550 年。这说明，马铃薯传入我国的时间已有 450 余年了。

北京地区引种马铃薯较早的原因，很可能是明末从水旱两路抵达北京的欧洲人带来了马铃薯种，使马铃薯的传播路线呈现为由海外而直达京津。在此之后，马铃薯才由海路被带入福建、广东、广西和江浙等沿海各省及地区，并逐渐传往中国内地的。这种间接的传播方式不仅造成了马铃薯在东南沿海地区的地方志中被称为"红毛番薯（江浙地区）"、"番鬼慈姑（广西）"或"爪哇薯（广东）"等不同名称，而且使东南沿海地区种植马铃薯的时间比京津地区较晚。

在中国，马铃薯的主产区是西南山区、西北和东北地区。其中以西南山区的播种面积为最大，约占全国总面积的 1/3。山东滕州素有"鲁南粮仓"之称，此地盛产的农作物有 323 个品种，被国家和山东省列为优质蔬菜基地，滕州的马铃薯极为盛产和优质，也是农业部命名的"中国马铃薯之乡"。

十全十美的食物

新鲜马铃薯中含有淀粉、膳食纤维、维生素及多种矿物质。除此以外，马铃薯块茎还含有禾谷类粮食所没有的胡萝卜素和抗坏血酸。从营养角度来看，它比大米、面粉具有更多的优点，能供给人体大量的热能，可称为“十全十美的食物”。

研究证明，人只靠马铃薯和全脂牛奶就足以维持生命和健康。因为马铃薯的营养成分非常全面，营养结构也较合理，只是蛋白质、钙和维生素 A 的量稍低，而这正好可用全脂牛奶来补充。马铃薯块茎水分多、脂肪少、单位体积的热量相当低，其所含的维生素 B、C 族是苹果的 4 倍，各种矿物质是苹果的几倍至几十倍不等。另外，马铃薯是降血压食物，还可以抗衰老，它含有大量的优质纤维素，以及微量元素、氨基酸和优质淀粉，这些成分在人的肌体抗老防病过程中都有着重要的作用。

专家们还发现，在保加利亚、厄瓜多尔等国著名的长寿乡里，人们的主食就是马铃薯。其所含丰富的维生素 B_1、B_2、B_6 和泛酸等 B 群维生素及大量的优质纤维素，以及微量元素、氨基酸、蛋白质和优质淀粉等营养元素，在人的肌体抗衰老过程中，发挥着重要作用。

生姜

菜语

和合、温暖

清代吴其浚在《植物名实图考》中有：『姜为和、为蔬、为果、为药，用芽、用老、用干、用炮、用汁，其为用甚广。』

和之美者，阳朴之姜

姜古名畺，别名生姜、黄姜等。因具有特殊的香辣味，常被用于调味料。生姜原产中国及东南亚等热带地区，在中国栽培历史悠久。湖北江陵战国墓葬、湖南马王堆汉墓等陪葬物中均发现了姜。吕不韦所著《吕氏春秋》的第14卷《本味篇》有“和之美者，阳朴之姜”，句中所指“扬仆”即今日四川一地名。《史记·货殖列传》也说：“蜀亦沃野，地饶姜。”

生姜约于公元1世纪传入地中海地区，当时的罗马帝国控制了整个地中海地区的香料贸易，生姜成为相当昂贵的香料。随后，生姜于公元3世纪传入日本，公元11世纪传入英格兰，并于1585年传到美洲，现广泛栽培于世界各热带和亚热带地区，以亚洲和非洲为主，欧美地区则栽培较少。

莱芜生姜

山东莱芜生姜有2000多年的种植历史，在封建社会曾是朝中的贡品。据《莱芜县志》记载，清光绪甲午年间（公元1894年），

莱芜生姜已作为主要农作物而被征税。当时其主要产地在“汶河两岸”，故有“汶水两岸飘姜香”的美传。

莱芜生姜又称黄姜，以其姜块肥大、皮薄丝少、辣浓味美、色泽鲜润而著称，并富含多种维生素，既美味又保健，其营养成分在姜类产品中始终居全国之首。在历届中国农业博览会上，莱芜生姜均被评为名牌产品，莱芜也因此被命名为“中国生姜之乡”。

姜有多种用途，清代吴其浚在《植物名实图考》中有：“姜为和、为蔬、为果、为药，用芽、用老、用干、用炮、用汁，其为用甚广。”生姜味辛性温，长于发散风寒、化痰止咳，又能温中止呕和解毒，临床上常用于治疗外感风寒及胃寒呕逆等症，前人称之为“呕家圣药”。

“姜炙法”就是取生姜的这些特性，用姜汁这一辅料对药物进行炮制，来增强药物祛痰止咳、降逆止呕的功效，并降低其毒副作用的。如同竹茹生用长于清热化痰，姜炙后可增强其降逆止呕的功效；厚朴其味辛辣，对咽喉有刺激性，通过姜炙可消除其刺激咽喉的副作用，并能增强宽中和胃的功效；黄连姜炙后可缓和其过于苦寒之性，并善治胃热呕吐。

不撒姜食

姜初生嫩者其尖薇紫，名紫姜或作子姜，宿根称为母姜，供食用的部分是肥大的根茎。姜在中国人的日常生活中占有重要的地位，是日常烹饪常用佐料之一，早在春秋时代的《论语·乡党》中就有孔子生平“不撒姜食”的记载；南朝周兴嗣所编《千字文》中也有“果珍李柰，菜重芥姜”之句。孔子活了73岁，在那个年代算是绝对长寿，应与他“不撒姜食”的饮食习惯有关，但也要注意“不撒姜食”后面还有一句“不多食”，即生姜要适量食用才好。

生姜含挥发油，主要为姜醇、姜烯、水芹烯、柠檬醛、芳樟醇等；又含辣味成分姜辣素，可分解生成姜酮、姜烯酮等。具有解毒杀菌的作用，生姜中的姜辣素进入体内，能产生一种抗氧化本酶，它有很强的对付氧自由基的本领，比维生素E还要强得多。

生姜能刺激胃粘膜，引起血管运动中枢及交感神经的反射性兴奋，促进血液循环，增强胃功能，达到健胃、止痛、发汗、解热的作用。姜还能增强胃液的分泌和肠壁的蠕动，从而帮助消化；另外，生姜中的姜烯、姜酮还有明显的抑止呕吐作用。

菜语

绵柔、细软

苏东坡在《玉糁羹》一诗中赞美芋头『香似龙涎仍酽白』，芋头以其绵软的口感深受人们的喜爱。

芋头

“芋”古称“蹲鸱”

芋别名芋头、芋艿、毛芋等，叶柄和花梗可做菜用。芋头原产于亚洲南部的热带沼泽地带，据蔬菜学者吴耕民先生说：“芋为印度、马来半岛等热带地方原产，在埃及、菲律宾、印度尼西亚等地盛行栽培。”芋头的原始种生长在沼泽地带，经长期自然选择和人类的培育形成了水芋、水旱兼用芋和旱芋等栽培类型，但至今仍保留着湿生植物的基本特征。

芋头在中国的栽培历史悠久，据现有的古文献资料分析，我国古代栽培芋头的重点产区有四川、广东和台湾等省区。芋头古称“蹲鸱”（dūn chī），孔子的第三十二代孙孔颖达著《五经正义》载：“蹲鸱，芋也。”东亚常璩撰《华阳国志》中亦说“汶山郡都安县有大芋如蹲鸱也。”汶山一名岷山，岷山地区自汉代起即广植芋头，至唐宋仍盛不衰，诗圣杜甫也咏有“紫收岷岭芋”的诗句；宋代文人苏东坡则在《玉糁羹》一诗中赞美芋头“香似龙涎仍酽白”。

荔浦芋头

芋头里最好吃的数荔浦芋头，荔浦芋头产自桂林之南的荔浦县，离桂林市区约 106 公里。荔浦芋头肉质细腻，具有独特风味。其个头巨大、芋肉呈奶白色、质松软者品质上等。

剖开荔浦芋头，我们可见芋肉布满了细小红筋，类似槟榔花纹，栽培学上称之为槟榔芋。荔浦芋自古便是广西的首选贡品，在岁末进贡的皇家大典中，尤其是在清代乾隆年间达到了极盛。

讲到荔浦芋不得不提到刘墉，刘墉在广西当巡抚时，广西每年必须进贡“荔浦芋”给皇帝享用，因芋头沉重兼路途遥远，浪费民脂民膏甚巨。传说刘墉为避免劳民伤财，以貌似芋头、质粗、味劣的山薯给乾隆食用。乾隆吃了果然倒尽胃口，马上免掉荔浦芋的进贡。但刘墉的政敌和坤得知，特地去找来了正宗荔浦芋呈献给皇帝，乾隆一食，醒悟到自己受到刘墉的愚弄，震怒之下，将刘墉官降五品。

虽说荔浦芋可补气养肾、健脾胃，既是制作饮食佳肴的上乘原料，又是滋补身体的营养佳品，但因“天远地自偏”，一度默默无闻。让“刘罗锅”一煽乎，竟从田间一步登天，成为四方餐桌上的盘中珍馐，一度造成“洛阳纸贵”的热销局面。即便是 10 多年后的今天，其知名度也不负其“皇室贡品”的称号。

南通香芋

芋头中的稀有品种“香芋”，产于江苏南通一带的通州、海门、启东及上海崇明等地。南通香芋历史悠久，自清代起开始种植，又称地栗子、菜用土圞儿。“香芋”与普通芋头略有不同，它形似马铃薯，果味浓香，因马铃薯在上海被叫做洋山芋或洋芋，香芋因此得名。

在《红楼梦》第十九回中，说到宝玉和黛玉讲闲话，黛玉要睡觉，宝玉怕她睡出病来，便编出扬州地方一个聪明伶俐的小耗子变香芋（香玉）的故事哄黛玉。有人质疑是不是作者把“芋头”说成是“香芋”，但作者在《红楼梦》第五十回中又讲到过“芋头”：“李纨命人将那蒸的大芋头盛了一盘，又将朱桔、黄橙、橄榄等物盛了两盘，命人带给袭人去。”说明曹雪芹把芋头和香芋二物是分得很清的。

芋头还有一称呼为“芋艿”。相传明朝年间，倭寇侵犯中国东南沿海，戚继光抗倭大胜。中秋却受倭寇偷袭，被断粮草。士兵只好靠野生芋头充饥，戚继光遂将这种植物称为纪念士兵的“遇难”，此后，人们为了纪念戚家军的抗倭功绩，便渐渐使用了谐音“芋艿”。芋艿以宁波奉化产的为最好，1996 年，奉化被国务院发展研究中心命名为“中国芋艿之乡”，并指定芋艿为国宴的必备佳肴。

甘薯

菜语 功德

明万历年间，福建华侨陈振龙将试种成功的番薯呈献给巡抚金学曾，当地百姓因有感于金学曾推广番薯之德，特地在福州乌山立『先薯祠』，以表其功德。

甘薯原产南美洲

甘薯原产南美洲 ，由野生近缘种直接演变而成，秘鲁、厄瓜多尔和墨西哥等地仍有野生种及其亲缘种。据考古发掘，在秘鲁古墓里，人们发现了 8000 年前的甘薯块根，最大者长 7.5 厘米，中部膨大，已明显地显示出人工选择的痕迹。在中国，甘薯别名有山芋、红芋、番薯、红薯、白薯、地瓜、红苕等，因地区不同而有不同的名称。甘薯可粮菜兼用，块根、嫩茎尖及嫩叶均可食用。

甘薯传出美洲的道路有两条，一条是在史前期就已经传播到太平洋波利尼西亚诸岛屿，之后又传到美拉尼西亚群岛，并由此而传人新西兰、澳大利亚等地；另一条是公元 1492 年，哥伦布发现美洲大陆后，甘薯从海地和多米尼加被带到了西班牙，之后传遍欧洲、非洲各地。

福州乌山“先薯祠”

16 世纪西班牙殖民主义者侵占美洲和吕宋（今菲律宾）后，番薯便被传播到吕宋。明万历二十一年（公元 1593 年），福建长乐籍华侨陈振龙私挟薯藤尺许，携子陈经纶回到福州。回国后，试种获得成功。陈振龙将收获的番薯呈献给福建巡抚金学曾，并上书建议官府推广种植。金学曾特地聘请陈经纶协助推广番薯，并令所属各县如法授种，还刊印《海外新传七则》教导农民掌握种植要领。当年，闽省各地即告番薯大丰收，灾民由此渡过了荒年。福建人民有感于金学曾推广番薯之德，复称番薯为金薯，还特地在福州乌山立了一座“先薯祠”，以纪念陈振龙引薯之功。

世界卫生组织经过 3 年的研究和评选，评出了全球最健康的蔬菜食品，甘薯被列为 13 种最佳蔬菜之一。

甘薯含大量粘蛋白，维生素 C 也很丰富，维生素 A 的原含量接近于胡萝卜的含量。常吃甘薯能降胆固醇，减少皮下脂肪，补虚乏，益气力，健脾胃，益肾阳，从而有助于护肤美容。

研究证明，甘薯经过蒸煮后，部分淀粉发生变化，与生食相经可增加 40% 左右的食物纤维，能有效刺激肠道的蠕动，促进排便。人们在切红薯时常会看见的红薯皮下渗出有一种白色液体，液体中含有紫茉莉甙，可用于治疗习惯性便秘。

甘薯中含有一种抗癌物质，能够防治结肠癌和乳腺癌。活性氧是诱发癌症的原因之一，而甘薯消除活性氧的作用十分明显。《纲时合遗》中载：“（甘薯）补中、和血、暖胃、肥五脏。”《岭南采药录》中写道：“（甘薯）醋煮服，可治全身肿。”

葱蒜之味

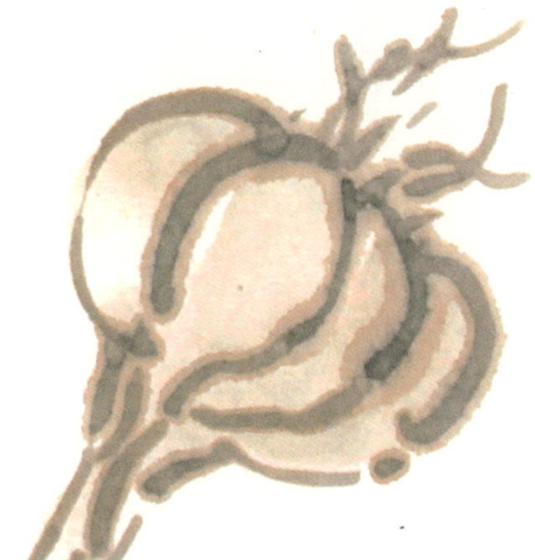

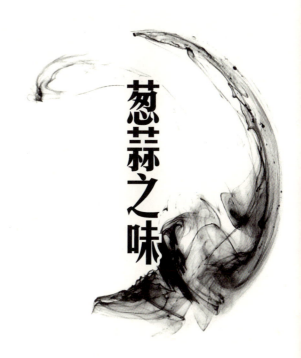

韭菜

菜语 长久、阳刚

《说文》中载：『韭，菜也。一植而久生者也，故谓之韭。象形，在一之上。一，地也。』

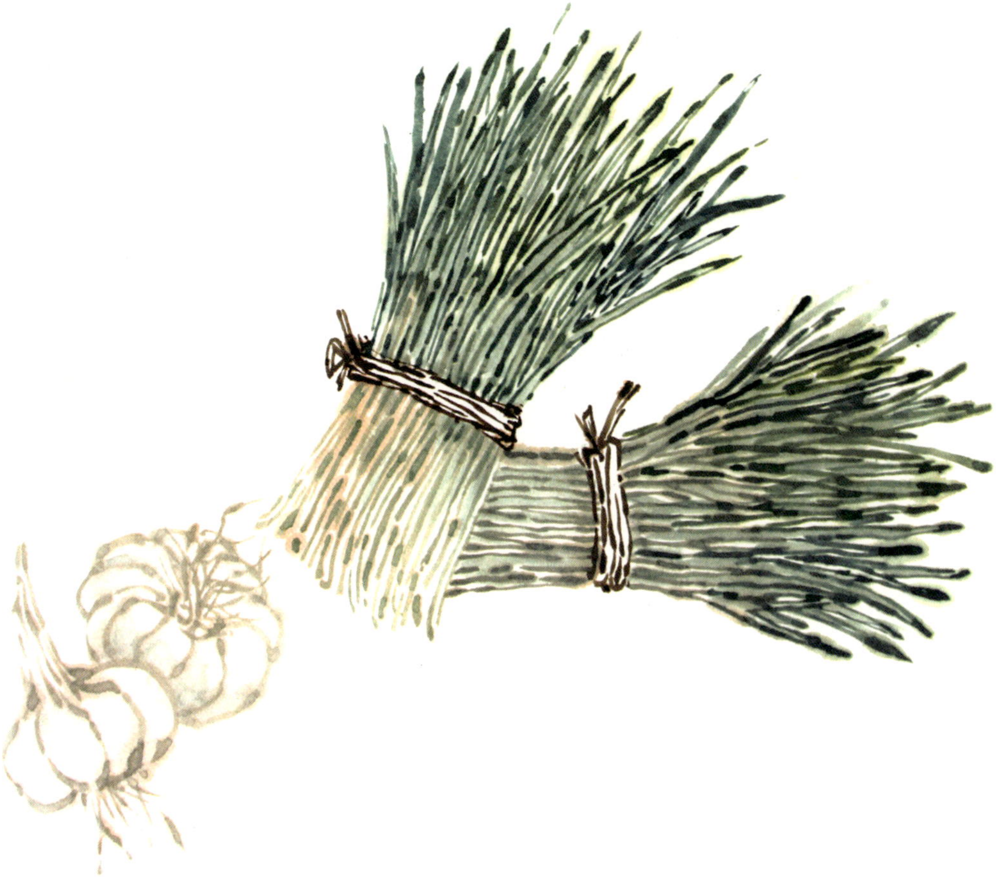

用于祭祀的蔬菜

韭菜原产中国，古人对于韭菜也久有尊重。

《诗经·豳风》有“献羔祭韭”之句,是说用羔羊和韭菜祭祖。南宋林洪所著《山家清供》载：六朝的周颙，清贫寡欲，终年常蔬食。文惠太子问他蔬食何味最胜？他答曰：“春初早韭，秋末晚菘。”“早韭”一词可以说是对于韭菜最权威也最生动的评价了。

韭菜虽为一种极为普通的大众蔬菜，但深为百姓喜爱，历来也被文人墨客所吟咏。

杜甫在《赠卫八处士》一诗中有:“夜雨剪春韭，新炊间黄粱”的名句。宋代诗人苏东坡也有“渐觉东风料峭寒，青蒿黄韭试春盘”等赞美春韭的诗句。“春盘”又称辛盘、五辛盘，即在盘中盛上大蒜、小蒜、韭菜、芸苔、胡荽这五种带有辛辣味的蔬菜，作为凉菜食用。

《红楼梦》第十八回中说道“杏帘在望”题咏：“一畦春韭熟，十里稻花香”。此名句至今仍常出于文人之口，可借韭菜之名以表现农村的兴旺景象。

一植而久生的蔬菜

韭菜为百合科葱属中以嫩叶和柔嫩化茎为主要产品的多年生植物，别名草钟乳、起阳草、懒人菜等。

韭菜原产中国。中国现存最早的科学文献之一《夏小正》中已有『韭』的记述。《夏小正》也是我国现存最早的一部汉族农事历书，其成书年代约在春秋（公元前770～476年）时期。2000多年前的地理著作《山海经》曾多处记载河北、陕西『山野多韭』。至今华北、西北、东北等地山野中仍有野生韭分布。韭菜在中国很早就被栽培利用。《说文》载：『韭，菜也。一植而久生者也，故谓之韭。象形，在一之上。一，地也。』从韭字起源上，也可见韭菜也是最早的栽培的蔬菜之一。

不见光的韭菜

中国的韭菜栽培已有 3000 多年的历史，但韭黄生产始于北宋（公元 960 ～ 1127 年），至今只有 1000 多年历史。

韭黄应该是最早的软化栽培蔬菜，具体方法是使蔬菜隔绝光线，完全在黑暗中生长，称为软化栽培，也称韭芽、黄韭芽、黄韭，还有俗称“韭菜白”，是韭菜经软化栽培后变黄的产品。

相传武则天从小就喜食韭黄，因而出落得天姿国色，也得以康顺寿长。她的母亲杨氏一生嗜吃韭黄，享年 92 岁，创造了彼时长寿奇迹。武则天登基后，四川广元年年向皇宫进献昭化韭黄，昭化韭黄遂成为贡品。此后，昭化韭黄深受各皇族及宫廷达官贵人的青睐，成为他们首选的山珍仙味。据说唐明皇李隆基途经昭化时，吃到昭化韭黄，惊为天味，特赐名“贡黄”。

昭化古城今在四川广元市，古名葭萌，人杰地灵。昭化韭黄历史悠久，相传在三国时期刘备率兵驻昭化时，由于粮草紧缺，百姓们担心生长正旺的韭菜都被军队掠用，便纷纷用干草和泥土掩盖，但最终还是被军队所发现，韭菜已变得嫩黄透亮，当问及这是什么菜时，百姓不敢如实回答，见其像韭菜嫩芽，便纷纷回答：“是韭芽”。刘备食后，异常鲜美，认为韭芽是“天赐神菜”，于是韭黄在当地就开始流行了。

“清肠草”与“起阳草”

韭菜除鲜嫩可口、气味辛香外，更是一种养生、健康的蔬菜。每 100 克韭菜含膳食纤维 3.3 克，属于高膳食纤维蔬菜。

膳食纤维和人类的健康密切相关，现代医学和营养学研究证明，膳食纤维虽不能被人体消化吸收，但可促进肠道蠕动，减少有害物质与肠壁的接触时间，尤其在果胶吸水浸胀后有利于粪便排出，可预防便秘、直肠癌、痔疮及下肢静脉曲张。膳食纤维还具有降低胆固醇的作用，在肠道中可与胆汁酸结合，促进胆汁酸通过粪便排出，抑制血清胆固醇的上升，可预防动脉粥样硬化和冠心病等心血管疾病的发生，故而使韭菜拥有“清肠草”的美称。

另外，韭菜还有一个非常响亮的名字——“起阳草”，因韭菜可“补肾暖膝腰”，韭根及韭叶不仅有壮阳固精、滋补肝肾的功效，还可散瘀活血。一度被认为是纯天然的“植物伟哥”。据说清乾隆帝便把吃韭菜当做生活中不可缺少的乐事，正是他下令将“韭黄肉饺”列入了清代宫廷的御膳食谱。

但实际上，韭菜在历代文献记载中并没有关于“韭菜壮阳”的记述，最相关的证据大概是《本草拾遗》中的：“益阳、止泄、臼脓、腹冷痛，并煮食之”的记载，其中的“益阳”一词被当做“壮阳”的主要依据未免牵强，此“阳”非“彼阳”，结合上下句看，也只是强壮身体罢了。

葱

菜语

豪爽、大气

山东人喜食大葱，故有豪爽、大气之秉性。中国人做菜喜欢『炝锅』，以葱香调和诸菜之味，可谓『葱为百菜先』。

大葱与小葱

大葱起源于中国西部和俄罗斯西伯利亚，由野生葱在中国经选择和驯化而来。

中国 2000 多年前的地理著作《山海经》中已有关于大葱的记载。汉代崔寔撰《四民月令》(公元 166 年)中有:“三月，别小葱。六月,别大葱。七月,可种大、小葱。夏葱曰小,冬葱曰大。”的描述。元代王祯撰《农书》(公元 1313 年)有大葱栽培技术的详细记载，此时大葱类型已经形成，栽培方法至今仍沿用。

葱是中国人日常厨房里的必备之物，北方以大葱为主，多用于煎炒烹炸和炝锅，它不仅可作调味之品，而且能防治疫病，可谓佳蔬良药；南方则多产小葱，是一种常用调料，又叫香葱，一般都是生食或拌凉菜用。

煎饼卷大葱是山东的传统名吃，以五谷杂粮为原料，用鏊子摊出的煎饼又薄又韧，很有嚼劲。大葱以章丘的最好，辣味稍淡，微露清甜，脆嫩可口。洗净蘸上大酱用刚烙好的煎饼卷着吃，辛香辣伴着甜酱的味道，为山东人甚至广大北方人所爱。

阳春面又称“清汤光面”，汤清味鲜，是上海人的最爱。民间习惯称阴历十月为小阳春，上海市井隐语以十为阳春。以前此面每碗售价十文,故称“阳春面”。 作阳春面的面条一般没有规限，

细如龙须面或粗如宽面均可使用但必有细香葱做作料。面条韧糯滑爽，汤清中漂浮着油绿的葱叶，香气扑鼻，清爽宜人。

毛泽东的“大葱外交”

1949 年 12 月 6 日，毛泽东离京出访苏联。这次出访正好赶上斯大林七十大寿，毛泽东要给斯大林准备一些礼品。礼品自然由毛泽东自己选定的，满满装载了两车皮。一车皮是山东的大葱，一车皮是江西的蜜橘。送蜜橘很好理解，但用大葱作礼品却让人费解。时任毛泽东俄文翻译的阎明复同志在后来讲道：外省人讲山东人的笑话，说两个山东人打起来实在拉不开时,送上几棵大葱,两人就松开手忙于吃大葱,忘记干仗那档事了。

当时，中苏双方关系总体上是好的,但多年来也有一些误会和不愉快。送大葱就源于上述笑话，是“消气用的”，暗合了毛泽东“大葱外交”的寓意。

葱为百菜先

中国人习惯在炒菜前将葱和姜切碎一起下油锅中炒至金黄色，爆出香味，俗称之为『炝锅』，尔后再将其他蔬菜放入锅中炖炒，以葱香调和诸菜的滋味，可谓『葱为百菜先』。

葱具有较高的营养和保健价值。大葱的挥发油和辣素，能祛除腥膻等油腻厚味菜肴中的异味，产生特殊香气，如果与蘑菇同食还可以起到促进血液循环的作用，降低坏胆固醇的堆积，经常吃葱的人，即便脂多体胖，其胆固醇并不增高，而且体质强壮。葱所含的果胶，可明显地减少结肠癌的发生，葱内的蒜辣素也可以抑制癌细胞的生长；葱还含有微量元素硒，可降低胃液内的亚硝酸盐含量，对预防胃癌及多种癌症有一定的作用。

洋葱

菜语

勇敢、胜利

在古希腊和古罗马时期，军士们认为洋葱能激发将士们的勇气和力量，因此被认为是勇敢和胜利的象征。

来自西亚的洋葱

洋葱别名葱头、圆葱、球葱、玉葱等。有关洋葱的原产地说法很多，但多数人认为洋葱原产于亚洲西南部中亚细亚、小亚细亚的伊朗、阿富汗的高原及苏联中亚地区，在这些地区至今还能找到洋葱的野生类型。

洋葱约在公元 20 世纪初传入中国，南北各地均有栽培，是目前中国的主栽蔬菜之一，并且中国也已成为洋葱生产量较大的 4 个国家（中国、印度、美国、日本）之一，而且种植面积还在逐年扩大。

洋葱按鳞茎形成特性可分成：普通洋葱、分蘖洋葱和顶球洋葱。在中国，洋葱的栽培类型主要是“普通洋葱”，即每株形成一个鳞茎，多以种子繁殖，鳞茎皮色有红皮、黄皮和白皮品种。

据欧美医学界发现，洋葱可作为治疗高血压的药物原料，因其含有一种特殊的物质——烯丙基二硫化物及少量硫氨基酸，有降脂作用。这些物质属于配糖体，除降脂外还有杀菌及抗动脉硬化的效能，对动脉血管有保护作用，使动脉粥样硬化斑块明显减轻，可预防血栓形成。洋葱含有能激活溶纤蛋白的活性成分，具有较强的血管舒张功能，能减轻外周血管和冠状动脉的阻力，改善冠状动脉循环，并且还有对抗体内儿茶酚胺的升压作用，从

而稳定血压。目前在世界范围内，洋葱已成为老年人青睐的保健蔬菜。

《洋葱头历险记》

姜尼·罗大里（Gianni Rodari，公元 1920 ~ 1980 年）是意大利著名的儿童文学作家，1920 年 10 月 23 日生于意大利小镇奥梅尼亚一个面包师家庭。他毕业于师范学校，教过小学，在第二次世界大战期间参加了反法西斯斗争，并于 1944 年参加意大利共产党，战后他长期担任记者和儿童副刊的编辑，主办过儿童杂志，他了解儿童心理，有着丰富的儿童生活经验。

20 世纪 40 年代，罗大里开始写童谣和童话故事，一生为儿童写出了大量作品，从而成为世界儿童文学泰斗。1950 年起，他开始在《少先队员》周刊连载长篇童话《洋葱头历险记》，其内容构思大胆独特，人物形象鲜明，情节曲折有趣，被译成 100 多种文字出版，是世界公认的经典之作。1970 年，《洋葱头历险记》获得了“国际安徒生奖”。

骑士的甲胄

在中世纪的欧洲，两军作战时，一队队骑兵高跨在战马上，身穿甲胄、手持剑戟，脖子上戴着『项链』，这条特殊『项链』的胸坠便是一个圆溜溜的洋葱头。在希腊文中，『洋葱』一词由『甲胄』衍生而出。骑士们认为，洋葱是具有神奇力量的护身符，胸前戴上它，就能免遭剑戟和弓箭的射伤，整个队伍就能保持强大的战斗力，最终夺取胜利。

在古代希腊和罗马的军队中，认为洋葱能激发将士们的勇气和力量，便在伙食里加进大量的洋葱。因此，洋葱在当时被认为是勇敢与胜利的象征。

菜语

健康、坚

第二次世界大战中，由于药
的严重缺乏，许多国家的军医都
用大蒜为士兵治疗伤口。当时，
联军曾誉称大蒜汁为『盘尼西林』

大蒜古称胡蒜

大蒜别名蒜、胡蒜，原产于欧洲南部和中亚。最早在古埃及、古罗马和古希腊等地中海沿岸国家栽培，当时仅作药用。公元 9 世纪初，大蒜传入日本。16 世纪前叶，大蒜被扩展到非洲和南美洲，并于 18 世纪后叶北美洲开始栽培，现已遍及世界各地。

中国古代原产有“蒜”，但所指应是“小蒜”。李时珍在《本草纲目》卷二十六“蒜”中载：“家蒜有两种：根茎具小而瓣少、辛甚者，小蒜也；根茎具大而瓣多、辛而带甘者，葫也，大蒜也。”另有其他古籍资料也都说明现在食用的大蒜，是张骞（约公元前 164 ~ 114 年）出使西域由大宛国带回的，至今已有 2000 多年的历史。

德国人的“大蒜节”

在德国的达姆施特市，每年举办一次的大蒜节已经有 100 多年的历史。节日期间，从用的到看的、从吃的到穿的，都带有大蒜的特色，吸引了成千上万的大蒜美食家。组织者还挑选美貌少女作为“大蒜皇后”，连她戴的“桂冠”也是用大蒜编制的。而

这位“皇后”的任务，就是在全国巡回宣传吃大蒜的好处。

在德国的超市，随处可见各种大蒜食品。而大蒜餐馆、大蒜专卖店等“蒜字号”的店铺也林立街头巷尾。

战争中的大蒜

远在2000多年前，凯撒大帝远征欧非大陆时，曾命令士兵每天服1头大蒜以增强气力，抵抗疾病。时值酷暑，瘟疫流行，敌方士兵染病者成千上万，而凯撒士兵却无一人染上疾病腹泻。于是凯撒大帝仅用短短的几年时间便征服了整个欧洲，建立了当时最强大的古罗马帝国。

第一次世界大战中，大不列颠帝国的军需部门曾购买10吨大蒜榨汁，作为消毒药水涂于纱布或绷带上医治枪伤，以防细菌感染。第二次世界大战中，由于药品的严重缺乏，许多国家的军医都使用大蒜为士兵治疗伤口。当时,苏联军曾誉称大蒜汁为“盘尼西林”。

在中国八年抗日战争的艰苦岁月中，八路军和新四军的军医也曾用大蒜防治了感冒、疟疾及急性胃肠炎等疾病，从而增强了革命战士的体质。

最具抗癌潜力的植物

人们将大蒜用于药用用途已经有了数千年的历史，食用大蒜或服用含有大蒜提取物的营养补充剂通常被认为是降低胆固醇和血压的一种天然方式。

大蒜中的锗和硒等元素可抑制肿瘤细胞和癌细胞的生长，实验发现，癌症发生率最低的人群就是血液中含硒量最高的人群。美国国家癌症组织认为，在全世界最具抗癌潜力的植物中，位居榜首的就是大蒜。

大蒜中的含硫化合物具有奇强的抗菌消炎作用，对多种球菌、杆菌、真菌和病毒等均有抑制和杀灭作用，是当前发现的天然植物中抗菌作用最强的一种。

大蒜可促进胰岛素的分泌，增加组织细胞对葡萄糖的吸收，提高人体葡萄糖耐量，迅速降低体内血糖水平，并可杀死因感染诱发糖尿病的各种病菌，从而有效预防和治疗糖尿病。

大蒜素对肠胃有一定的刺激作用，生吃过多大蒜，易引起急性胃炎，长期过量食用还容易造成眼部不适。对于肠胃功能不好的人来说应少食。另有肝病、眼疾、胃病、十二指肠、脑出血患者最好忌食。